电力工程施工技术与管理探索

倪文强　刘春伟　刘　贺◎著

吉林科学技术出版社

图书在版编目（CIP）数据

电力工程施工技术与管理探索 / 倪文强，刘春伟，刘贺著. -- 长春 : 吉林科学技术出版社，2023.5

ISBN 978-7-5744-0403-8

Ⅰ. ①电… Ⅱ. ①倪… ②刘… ③刘… Ⅲ. ①电力工程－工程施工②电力工程－施工管理 Ⅳ. ①TM7

中国国家版本馆 CIP 数据核字(2023)第 092057 号

电力工程施工技术与管理探索

作　　者　倪文强　刘春伟　刘　贺
出 版 人　宛　霞
责任编辑　王丽新
幅面尺寸　185mm×260mm
开　　本　16
字　　数　286 千字
印　　张　12.5
版　　次　2023 年 5 月第 1 版
印　　次　2023 年 5 月第 1 次印刷

出　　版　吉林科学技术出版社
发　　行　吉林科学技术出版社
地　　址　长春市净月区福祉大路 5788 号
邮　　编　130118
发行部电话/传真　0431-81629529　81629530　81629531
81629532　81629533　81629534
储运部电话　0431-86059116
编辑部电话　0431-81629518
印　　刷　北京四海锦诚印刷技术有限公司

书　　号　ISBN 978-7-5744-0403-8
定　　价　75.00 元

前　言

当前，我国正处于现代化建设的关键时期，电力工程建设非常重要。在这个阶段，我国的电力生产主要依赖于水电站、火电厂和核电站。电能的分配和传输主要是通过高低压交流电力网。在我国，大型电力系统将发电、输电、配电以及用电等环节综合为一个整体，是社会物质生产部门中时间协调比较严格、空间跨度大、层次分工比较复杂的实体工程体系。因此，在电力工程进行建设的过程中，工程建设人员的项目工程管理工作对我国电力建设施工工程的质量起着至关重要的作用。电力工程管理工作由其本身性质所决定，而遭到众多限制，例如资金的密集度、技术的密集度、资源的密集度以及穿插施工状况等。另外，工程的设计、设备的制造和资料的采购运输等众多外部要素也深刻影响着电力工程施工的管理。对于施工企业来说，树立、健全质量体系是一项极为重要的质量工作，有明白的质量方针、质量目的，有健全的组织机构和质量职责，有操作性很强的适用作业指导书，任何工作有文件化的真实牢靠的记载，整个质量工作被纳入完整的控制之中。电力工程施工管理是一门科学，不时地探究管理的新思绪，探寻更为先进科学的管理措施与技术，是每个电力工程企业共同追求的目的。必须锲而不舍地学习、探究，自创领先国内外的管理技术，完善企业管理及技术规范，保证施工优质，在剧烈竞争的电建市场中，使企业能更好地生存、开展、壮大。

本书从电力系统概述介绍入手，针对电气设备工作原理及主接线，电力系统调频、调压及经济运行进行了分析研究，另外对电力工程进度管理、电力工程招标与合同管理做了一定的介绍，还对电力工程项目费用管理及电力工程项目质量控制与管理做了简要分析，旨在摸索出一条适合电力工程施工技术与管理工作创新的科学道路，帮助相关工作者在应用中少走弯路，运用科学方法，提高效率。

在本书的撰写过程中，参阅、借鉴和引用了国内外许多同行的观点和成果。各位同人的研究奠定了本书的学术基础，对电力工程施工技术与管理的展开提供了理论基础，在此一并感谢。另外，受水平和时间所限，书中难免有疏漏和不当之处，敬请读者批评指正。

目　录

第一章　电力系统概述

第一节　电力系统构成

一、发电厂（站）

发电厂的类型一般是根据能源来分类。目前在电力系统中，起主导作用的为水力发电站、火力发电厂和核能发电站。

（一）水力发电站

根据抬高水位的方式和水利枢纽布置的不同，水力发电站又可以分为堤坝式水电站、引水式发电站和抽水蓄能式电站等。

1. 堤坝式水电站

在河床上适当位置修建拦河坝，将水积蓄起来以形成水位差进行发电。这类水电站又可以分为坝后式水电站和河床式水电站两类。

坝后式水电站的厂房建在大坝的后面，全部水头压力由坝体承担，坝后式水电站适合于高、中水头的情况。河床式水电站的厂房和挡水堤坝连为一体，厂房也起挡水作用，由于厂房就修建在河床中，故称河床式水电站。河床式水电站的水头一般较低，大多在30m以下。

2. 引水式发电站

这种水电站建设在山区水流湍急的河道上或河床坡度较陡的地段，由引水渠道提供水头，且（有时因为地形地质条件限制）一般不须要修筑堤坝，只修低堰即可。

3. 抽水蓄能式电站

抽水蓄能电站是水力发电站的一种特殊形式。它兼具有发电及蓄能功能。抽水蓄能电站有上、下两个水库（池）。当上库的水流向下库时，就如常规的水力发电站，消耗水的位能转换为电能；相反，将下库的水输到上库时就是抽水蓄能，消耗电能转换为水的位能。由于机械效率和各种损耗的原因，在同样水位差和同样水流量的条件下，抽水时所消耗的电能总是大于发电时产生的电能。

4. 水电站的生产过程

无论是哪一类水电站，都是由在高水位的水，经压力水管进入螺旋形蜗壳推动水轮机转子旋转，将水能转换为机械能，水轮机转子再带动发电机转子旋转，而使得机械能转换成电能。做完功的水则经尾水管排往下游，发出的电能经变压器升压后由输电线路送至用户。

5. 水力发电站的特点

其一，水力发电过程相对比较简单，由于水力发电过程较简单，所需运行人员少，易于实现全自动化。其二，水力发电站不消耗燃料，所以其电能成本低。其三，水力机组的效率较高，承受变动负荷的性能较好，故在系统中的运行方式灵活，且水力机组启动迅速，在系统发生事故时能有力地发挥其后备作用。其四，在兴建水电站时，往往同时解决发电、防洪、灌溉、航运、养殖等多方面的问题，从而取得更大的综合经济效益。同时，水电站一般不存在污染环境的问题。

但是，建设水电站一般须要建设大量水工建筑物，投资大，工期长，特别是水库还将淹没一部分土地，给当地农业生产带来不利影响，并有可能在一定程度上破坏自然界的生态平衡。此外，水电站的运行方式还受气象、水文等条件的影响，有丰水期、枯水期之分，从而导致发电出力不够稳定，这将给系统运行带来不利影响。

（二）火力发电厂

以煤炭、石油、天然气等为燃料的发电厂称为火力发电厂。火力发电厂中的原动机大部分为汽轮机，也有少数采用柴油机和燃气轮机。火力发电厂按其工作情况不同又可以分为：

1. 凝汽式火电厂

在这类发电厂中，燃料燃烧时的化学能被转换成热能（由锅炉产生蒸汽），再借助汽轮机等热力机械将热能转换成机械能，经由汽轮机带动发电机将机械能转换为电能。已做过功的蒸汽，排入凝汽器内冷却成水，又送回到锅炉使用。由于在凝汽器中，大量的热量被循环水带走，所以这种火电厂的效率很低，即使在现代超高温高压的火电厂，其效率也只能达到37%~40%。凝汽式火电厂通常简称为火电厂。

2. 热电厂

热电厂与火电厂的不同之处主要在于把汽轮机中一部分做过功的蒸汽，从中间段抽出来供给供热用户，或经热交换器将水加热后，把热水供给用户。热电厂通常建在供热用户附近，除发电外还向用户供热，这样就减少了被冷却循环水带走的热量损失，从而提高其效率。

3. 火力发电厂的基本生产过程

火力发电厂由三大主要设备：锅炉、汽轮机、发电机及相应辅助设备组成，这类设备通过管道或线路相连构成生产主系统，即燃烧系统、汽水系统和电气系统。其生产过程简介如下：

（1）燃烧系统

燃烧系统包括锅炉的燃烧部分和输煤、除灰和烟气排放系统等。煤由皮带机输送到锅炉车间的煤斗，进入磨煤机磨成煤粉，然后与经过预热器预热的空气一起喷入炉内燃烧，将煤的化学能转换成热能，烟气经除尘器清除灰粉后，由引风机抽出，经高大的烟囱排入大气。炉渣和除尘器下部的细灰由灰渣泵排至灰场。

（2）汽水系统

汽水系统包括锅炉、汽轮机、凝汽器及给水泵等组成的汽水循环和水处理系统、冷却水系统等。水在锅炉中加热后蒸发成蒸汽，经过加热器进一步加热，成为具有规定压力和温度的过热蒸汽，然后经过管道送入汽轮机。

在汽轮机中，蒸汽不断膨胀，高速流动，冲击汽轮机的转子以额定转速（3 000r/min）旋转，将热能转换成机械能，带动与汽轮机同轴的发电机发电。在膨胀过程中，蒸汽的压力和温度不断降低。蒸汽做功后从汽轮机下部排出。排出的蒸汽称为乏汽，乏汽排入凝汽器。在凝汽器中，汽轮机的乏汽被冷却水冷却，凝结成水。

凝汽器下部所凝结的水由凝结水泵升压后进入低压加热器和除氧器，提高水温并除去水中的氧（以防止腐蚀炉管等），再由给水泵进一步升压，然后进入高压加热器，回到锅炉，完成水—蒸汽—水的循环。给水泵以后的凝结水称为给水。

汽水系统中的蒸汽和凝结水在循环过程中总有一些损失，因此，必须不断向给水系统补充经过化学处理的水。补给水进入除氧器，同凝结水一块由给水泵打入锅炉。

（3）电气系统

电气系统包括发电机、励磁系统、厂用电系统和升压变电站等。发电机的机端电压和电流随其容量不同而变化。因此，发电机发出的电，一般由主变压器升高电压后，经变电站高压电气设备和输电线送往电网。极少部分电，通过厂用变压器降低电压后，经厂用电配电装置和电缆供厂内风机、水泵等各种辅机设备和照明等用电。

（三）核能发电站

核电站由两个主要部分组成：核系统部分（包括反应堆及其附属设备）和常规部分

（包括汽轮机、发电机及其附属设备）。

反应堆是实现核裂变链式反应的一种装置，主要由核燃料、慢化剂、冷却剂、控制调节系统、应急保安系统、反射体和防护层等部分组成。反应堆可以分为轻水堆（包括沸水堆和压水堆）、重水堆和石墨冷气堆等。目前，世界上使用最多的是轻水堆，其中绝大多数又为压水堆。

（四）其他类型发电站

1. 太阳能发电

太阳能发电通常是指光伏发电，是利用太阳能电池将太阳光能直接转化为电能。太阳能发电系统主要包括：太阳能电池组件（阵列）、控制器、蓄电池、逆变器、用户即照明负载等组成。其中，太阳能电池组件和蓄电池为电源系统，控制器和逆变器为控制保护系统，负载为系统终端。

2. 风力发电

风力发电就是利用风力的动能来生产电能。风力发电的过程是：当风力使旋转叶片转子旋转时，风力的动能就转变成机械能，再通过升速装置驱动发电机发出电能。风能是一种取之不尽的自然能源，但风能具有一定的随机性和不稳定性，因此，风力发电必须配有蓄能装置。

风力发电的主要优点是：清洁，环境效益好；可再生，永不枯竭；基建周期短；装机规模灵活。

风力发电的主要缺点是：噪声视觉污染；占用大片土地；不稳定，不可控；目前成本仍然很高。

其他利用再生能源发电的还有：利用地表深处的地热能来生产电能的地热发电；利用海水涨潮、落潮中的动能、势能来生产电能的潮汐发电。此外，还有利用燃料电池、垃圾燃料、核聚变能、生物质能等来生产电能。

这些发电站的容量一般不大，是电力系统的一种补充，但在目前世界能源形势下，加快这些新能源发电的开发力度是世界各国共同的发展趋势，而这些电站在特定情况下，尤其是在交通不便的偏僻农村，能发挥很大的作用。

二、电网（输配电系统）

电能的输送和分配是由输配电系统完成的。输配电系统又称电网，它包括电能传输过程中途经的所有变电站、配电站中的电气设备和各种不同电压等级的电力线路。实践证明，输送的电力越大，输电距离越远，选用的输电电压也越高，这样才能保证在输送过程中的电能损耗减少。但从用电的角度考虑，为了用电安全和降低用电设备的制造成本，则希望电压低一些。因此，一般发电厂发出的电能都要经过升压，然后由输电线路送到用电区，再经过降压后分配给用户使用，即采用高压输电、低压配电的方式。变电站就是完成这种任务的场所。

在发电厂设置升压变电站将电压升高以利于远距离输送，在用电区则设置降压变电站将电压降低以供用户使用。

降压变电站内装设有受电、变电和配电设备，其作用是接收输送来的高压电能，经过降压后将低压电能进行分配。而对于低压供电的用户，只须再设置低压配电站。配电站内不设置变压器，它只能接收电能和分配电能。

三、电力用户

电力系统的用户也称为用电负荷，可分为工业用户、农业用户、公共事业用户和居民生活用户等。根据用户对供电可靠性的不同要求，目前我国将用电负荷分为三级。

（一）一级负荷

对这一级负荷中断供电会造成人身伤亡事故或造成工业生产中关键设备难以修复的损坏，以致生产秩序长期不能恢复正常，造成国民经济的重大损失，或使市政生活的重要部门发生混乱等。

（二）二级负荷

对这一级负荷中断供电将引起大量减产，造成较大的经济损失，或使城市大量居民的正常生活受到影响等。

（三）三级负荷

对这一级负荷的短时供电中断不会造成重大的损失。

对于不同等级的用电负荷，应根据其具体情况采取适当的技术措施来满足它们对供电可靠性的要求。一级负荷要求供电系统必须有备用电源。当工作电源出现故障时，由保护装置自动切除故障电源，同时由自动装置将备用电源自动投入或由值班人员手动投入，以保证对重要负荷连续供电。如果一级负荷不大，可采用自备发电机等设备，作为备用电源。对于二级负荷，应由双回路供电；当采用双回路有困难时，则允许采用专用架空线供电。对于三级负荷，通常采用一组电源供电。

由于自然资源分布与经济发展水平等条件限制，电源点与负荷中心多处于不同地区。

由于电能目前还无法大量储存，输电过程本质上又是以光速进行，电能生产必须时刻保持与消费平衡。因此，电能的集中开发与分散使用，以及电能的连续供应与负荷的随机变化，就成为制约电力系统结构和运行的根本特点。

第二节　电力系统的基本概念

一、电力系统的运行特点

任何一个系统都有它自己的特征，电力系统的运行和其他工业系统比较起来，具有如下明显的特点：

（一）电能不能大量储存

电能的产生、输送、分配、消费、使用实际上是同时进行的，每时每刻系统中发电机发出的电能必须等于该时刻用户使用的电能，再加上传输这些电能时在电网中损耗的电能。这个产销平衡关系是电能生产的最大特点。

（二）过渡过程非常迅速

电能的传输近似于光的速度，以电磁波的形式传播，传播速度为 30 万 km/s，“快”是它的一个极大特点。如电能从一处输送至另一处所需要的时间仅千分之几秒；电力系统从一种运行状态过渡到另一种运行状态的过渡过程非常快。

（三）与国民经济各部门密切相关

现代工业、农业、国防、交通运输业等都广泛使用着电能，此外在人民日常生活中也广泛使用着各种电器，而且各部门的电气化程度越来越高。因此，电能供应的中断或不足，不仅直接影响各行业的生产，造成人民生活紊乱，而且在某些情况下甚至会造成政治上的损失或极其严重的社会性灾难。

（四）对电能质量的要求颇为严格

电能质量的好坏是指电源电压的大小、频率和波形能否满足要求。电压的大小、频率偏离要求值过多或波形因谐波污染严重而不能保持正弦，都可能导致产生废品、损坏设备，甚至大面积停电。因此，对电压大小、频率的偏移以及谐波分量都有一定限额。而且，由于系统工况时刻变化，这些偏移量和谐波分量是否总在限额之内须经常监测，要求颇严。

由于这些特点的存在，对电力系统的运行提出了严格要求。

二、对电力系统运行的基本要求

评价电力系统的性能指标是安全可靠性、电能质量和经济性能。根据电力系统运行的特点，电力系统应满足以下三点基本要求：

（一）保证可靠地持续供电

电力系统运行首先要满足可靠、不间断供电的要求。虽然保证可靠、不间断的供电是电力系统运行的首要任务，但并不是所有负荷都绝对不能停电，一般可按负荷对供电可靠性的要求将负荷分为三级，运行人员根据各种负荷的重要程度不同，区别对待。

通常对一级负荷要保证不间断供电。对二级负荷，如有可能也要保证不间断供电。当系统中出现供电不足时，三级负荷可以短时断电。

（二）保证良好的电能质量

电能质量包括电压质量、频率质量和波形质量三方面。电压质量和频率质量一般都以偏移是否超过给定值来衡量，例如给定的允许电压偏移为额定值的±5%，给定的允许频率偏移为±0.2~0.5Hz 等。波形质量则以畸变率是否超过给定值来衡量。所谓畸变率（或正弦波形畸变率），是指各次谐波有效值平方和的方根值与基波有效值的百分比。给定的允许畸变率常因供电电压等级而异，例如，以 380V、220V 供电时为 5%，以 10 千伏供电时为 4%，等等。所有这些质量指标，都必须采取一切手段予以保证。

对电压和频率质量的保证，我国电力工业部门多年来早已有要求，并已将其作为考核电力系统运行质量的重要内容之一。在当前条件下，为保证这些质量指标，必须做到大量增加系统有功功率、无功功率的电源，充分发挥现有电源的作用，合理调配用电、节约用电，不断提高系统的自动化程度等。

在我国，对波形质量的要求只是在系统中谐波污染日益严重的情况下才开始注意，有关规定还有待继续完善。所谓保证波形质量，就是指限制系统中电流、电压的谐波，而其关键则是在于限制各种换流装置、电热电炉等非线性负荷向系统注入的谐波电流。至于限制这类谐波电流的方法，则有更改换流装置的设计、装设无源滤波器或者有源电力滤波器、限制不符合要求的非线性负荷的接入等。

（三）努力提高电力系统运行的经济性

电力系统运行的经济性主要反映在降低发电厂的能源消耗、厂用电率和电网的电能损耗等指标上。

电能所损耗的能源在国民经济能源的总消耗中占的比重很大。要使电能在生产、输送和分配的过程中耗能小、效率高，最大限度地降低电能成本有着十分重要的意义。

三、电力系统的中性点接地方式

电力系统的中性点一般指星形连接的变压器或发电机的中性点。这些中性点的运行方式是很复杂的问题，它关系到绝缘水平、通信干扰、接地保护方式、电压等级、系统接线等很多方面。我国电力系统目前所采用的接地方式主要有三种，即中性点不接地、中性点经消弧线圈接地和中性点直接接地。

（一）中性点不接地

在中性点不接地的三相系统中，当一相接地后，中性点电压不为零，中性点发生位移，对地相电压发生不对称（接地相电压为零，未接地的两相对地电压升高到相电压的$\sqrt{3}$倍），但线与线之间的电压仍是对称的。所以，发生单相接地后，整个线路仍能继续运行一段时间。

单相接地时，通过接地点的电容电流为未接地时每一相对地电容电流的$\sqrt{3}$倍。如果故障处短路电流很大，在接地点会产生电弧。在中性点不接地的三相系统中，当一相发生接地时，结果如下：①未接地两相对地电压升高到相电压的$\sqrt{3}$倍，即等于线电压，所以在这种系统中，相对地的绝缘水平应根据线电压来设计。②各相间的电压大小和相位仍然不变，三相系统的平衡没有遭到破坏，因此可以继续运行一段时间，这便是不接地系统的最大优点，但不允许长期接地运行，一相接地系统允许持续运行的时间最多不得超过 2h。

（二）中性点经消弧线圈接地

中性点不接地的三相系统发生单相接地故障时，虽然可以继续供电，但在单相接地的故障电流较大时，如 35 千伏系统大于 10A、10 千伏系统大于 30A 时，却不能继续供电。为了防止单相接地时产生电弧，尤其是间歇电弧，则出现了经消弧线圈接地方式，即在变压器或发电机的中性点接入消弧线圈，以减小接地电流。

这种补偿又可分为全补偿、欠补偿和过补偿。电感电流等于电容电流，接地处的电流为零，此种情况为全补偿；电感电流小于电容电流为欠补偿；电感电流大于电容电流为过补偿。从理论上讲，采用全补偿可使接地电流为零，但因采用全补偿时，感抗等于容抗，系统有可能发生串联谐振，谐振电流若很大，将在消弧线圈上形成很大的电压降，使中性点对地电位大大升高，可能使设备绝缘损坏，因此一般不采用全补偿。

（三）中性点直接接地

对于电压在 110 千伏及以上的电网，由于电压较高，则要求的绝缘水平也高，若中性点不接地，当发生接地故障时，其相电压升高 $\sqrt{3}$ 倍，达到线电压，对设备的影响很大，需要的绝缘水平更高。为了节省绝缘费用保证其经济性，又要防止单相接地时产生间歇电弧过电抗器接地。

当中性点接地系统发生单相接地时，故障相由接地点通过大地形成单相的短路回路。单相短路回路中电流值很大，可使继电保护装置动作，断路器断开，将故障部分切除。如果是瞬时性的故障，当自动重合闸成功，系统又能继续运行。

可见，中性点直接接地的缺点是供电可靠性差，每次发生故障，断路器跳闸，供电中断。而现在的网络设计，一般都能保证供电可靠性，如双回路或两端供电，当一回路故障时，断开电路，而且高压线上不直接连用户，对用户的供电安全可以由另一回路保证。

四、电力系统的电压等级和规定

（一）电力系统的额定电压

生产厂家在制造和设计电气设备时都是按一定的电压标准来执行的，而电气设备也只有运行在这一标准电压附近，才能具有最好的技术性能和经济效益，这种电压就称为额定电压。

实际电力系统中，各部分的电压等级不同。这是由于电气设备运行时存在一个能使其技术性能和经济效果达到最佳状态的电压。另外，为了保证生产的系列性和电力工业的有序发展，我国国家标准规定了电气设备标准电压（又称额定电压）等级。

输电电压一般分为高压、超高压和特高压。高压通常指 35~220 千伏的电压；超高压通常指 330 千伏及以上、1 000 千伏以下的电压；特高压指 1 000 千伏及以上的电压。①同一电压级别下，各个电气设备的额定电压并不完全相等，为了使各种互相连接的电气设备都能运行在较有利的电压下，它们之间的配合原则是：以用电设备的额定电压为参考。由于线路直接与用电设备相连，因此电力线路的额定电压和用电设备的额定电压相等，把它们统称为网络的额定电压。②变压器具有发电机和用电设备的两重性，因此其额定电压的规定略为复杂。根据变压器在电力系统中传输功率的方向，规定变压器接收功率一侧的绕组为一次绕组，从电网接收电能，相当于用电设备；输出功率一侧的绕组为二次绕组，相当于发电机。

（二）电力网电压等级的选择

当输送的功率和距离一定时，线路的电压越高，线路中的电流就越小，所用导线的截面可以减小，用于导线的投资也较小，同时线路中的功率损耗、电能损耗也都相应减少。但另一方面，电压等级越高，线路的绝缘就要加强，杆塔几何尺寸要增大，线路、变压器和断路器等有关电气设备的投资也要增大。这表明对应一定的输送功率和输送距离，应有一个技术和经济上比较合理的电压。

五、电力系统的优越性

（一）提高了供电的可靠性

系统中一个发电厂发生故障时，其他发电厂仍可以向用户供电；一条输电线路发生故障，用户还可以从系统中的其他线路获取电源。可见，具有合理结构的电力系统可靠性得到了极大提高。

（二）提高了供电的稳定性

电力系统容量较大，个别大负荷的变动即使有较大的冲击，也不会造成电压和频率的明显变化。小容量电力系统或孤立运行的发电厂则不同，较大的冲击负荷很容易引起电网电压和频率的较大波动，影响电能质量。

（三）提高了发电的经济性

电力系统可以获得多方面的经济效益。

1. 充分利用动力资源

如果没有电力系统，很多能源就难以充分利用。在电力系统中，可实现水电和火电之间的相互调剂，丰水期可多发水电，少发火电，节约燃料；枯水期则多发火电以保证电能的供给。

2. 提高发电的平均效率和其他经济指标

只有在大的电力系统内才能采用大容量的机组，从而获得较高的发电效率、较低的相对投资和较低的运行维护费用。此外，在电力系统内，在各发电厂之间可以合理地分配负荷，可以让效率高的机组多发电，在提高平均发电效率上实现经济调度。

3. 减小总装机容量

电力系统中的综合最大负荷常小于各发电厂单独供电时各片最大负荷的总和。这是因为不同地区间负荷性质的差别、负荷的东西时差及南北季差等。通过若干发电厂通过电力系统运行时，有利于错开各地区的高峰负荷，导致减小系统中的总和最大负荷，从而减小了总工作容量。另外，各发电厂的机组之间可以相互备用，还可以错开检修时间，减小备用容量。

第三节 电气设备及选择

一、电气设备选择的一般条件

（一）选择条件

1. 额定电压

按正常工作条件选择电气设备为设备额定电压的1.1~1.15倍，而电气设备所在电网的运行电压波动，一般不超过电网额定电压的1.15倍。因此，在选择电气设备时，一般可按照电气设备的额定电压不低于装置地点电网额定电压的条件选择。

2. 额定电流

电气设备的额定电流是指在额定环境温度下，电气设备的长期允许电流。额定电流应不小于该回路在各种合理运行方式下的最大持续工作电流。

3. 环境条件对设备选择的影响

一般非高原型的电气设备使用环境的海拔高度不超过1 000m。当地区海拔超过制造厂家的规定值时，由于大气压力、空气密度和湿度相应减少，使空气间隙和外绝缘的放电特性下降，则电气设备的最高允许工作电压应修正。当最高允许工作电压不能满足要求时，应采用高原型电气设备，或采用外绝缘提高一级的产品。

电气设备的额定电流是指在基准环境温度下，能允许长期通过的最大工作电流。此时电气设备的长期发热温升不超过其允许温度。在实际运行中，周围环境温度直接影响电气设备的发热温度，所以当环境温度不等于电气设备的基准环境温度时，其额定电流必须进行修正。

（二）按短路状态校验

1. 短路热稳定校验

短路电流通过电器时，电气设备各部件温度（或发热效应）应不超过允许值。

2. 电动力稳定校验

电动力稳定是电器承受短路电流机械效应的能力，亦称动稳定。满足动稳定的条件为电气设备允许通过的动稳定电流幅值及其有效值≥短路冲击电流幅值及其有效值。

3. 短路电流计算条件

为使所选电气设备具有足够的可靠性、经济性和合理性，并在一定时期内适应电力系统发展的需要，做验算用的短路电流应按下列条件确定：

（1）容量和接线

按本工程设计最终容量计算，并考虑电力系统远景发展规划；其接线采用可能发生最大短路电流的正常接线方式，但不考虑在切换过程中可能短时并列的接线方式。

（2）短路种类

一般按三相短路验算，若其他种类短路较三相短路严重时，则应按最严重的情况验算。

（3）计算短路点

同一电压等级各短路点的短路电流值均相等，但通过各支路的短路电流将随着短路点的位置不同而不同。在校验电气设备和载流导体时，必须确定电气设备和载流导体处于最严重的短路点，使通过的短路电流校验值为最大。例如，①两侧均有电源的断路器，应比较断路器前、后短路时通过断路器的电流值，择其大者为计算短路点。②带电抗器的出线回路，一般可选电抗器后为计算短路点（这样出线可选用轻型断路器）。

4. 短路计算时间

验算热稳定的短路计算时间为继电保护动作时间和相应断路器的全开断时间之和，继电保护动作时间一般取保护装置的后备保护动作时间，这是考虑到主保护有死区或拒动；而全开断时间是指对断路器的分闸脉冲传送到断路器操动机构的跳闸线圈时起，到各相触头分离后的电弧完全熄灭为止的时间段。显然全开断时间包括断路器固有分闸时间和断路器开断时电弧持续时间。

下列三种情况可不校验热稳定或动稳定：①用熔断器保护的电气设备，其热稳定由熔断时间保证，故可不验算热稳定；②采用有限流电阻的熔断器保护的设备可不验算动稳定；③装设在电压互感器回路中的裸导体和电气设备可不验算动稳定和热稳定。

二、高压断路器和隔离开关的功能及选择

高压断路器和隔离开关是发电厂和变电站电气主系统的重要开关电器。高压断路器的主要功能是：正常运行时倒换运行方式，把设备或线路接入电网或退出运行，起着控制作用；当设备或线路发生故障时，能快速切除故障回路，保证无故障部分正常运行，起着保护作用。断路器是开关电器中最为完善的一种设备，其最大特点是能断开电器的负荷电流和短路电流。隔离开关的主要功能是保证高压电器及装置在检修工作时的安全，不能用于切断、投入负荷电流或开断短路电流，仅可允许用于不产生强大电弧的某

些切换操作。

（一）高压断路器的选择

1. 断路器的种类和形式的选择

按照断路器采用的灭弧介质可分为油断路器（多油、少油）、压缩空气断路器、SF_6断路器、真空断路器等。

（1）油断路器

结构特点为多油断路器的油作为灭弧和绝缘介质，少油断路器的油仅做灭弧介质，对地绝缘依靠固体介质；技术性能特点是自能式灭弧，开断性能差；多油断路器仅有屋外型35千伏电压级产品；少油断路器110千伏及以上产品为积木式结构，全开断时间短；运行维护特点是易于维护，噪声低，油易劣化，需要一套油处理装置，须防火、防爆。

（2）压缩空气断路器

结构特点为结构较复杂，以压缩空气作为灭弧介质和弧隙绝缘介质，操作机构与断路器合为一体，技术性能特点是额定电流和开断能力可以做得较大，适于开断大容量电路，动作快，开断时间短；运行维护特点是噪声较大，维修周期长，无火灾危险，需要一套压缩空气装置作为气源。

（3）SF_6断路器

结构特点是SF_6气体灭弧，对材料、工艺及密封要求严格，有屋外敞开式及屋内落地罐式之别，更多用于GIS；技术性能特点是额定电流和开断电流可做得很大，开断性能好，适于各种工况开断，断口电压可做得较高，断口开距小；运行维护特点是噪声低，不检修间隔期长，运行稳定，安全可靠，寿命长。

（4）真空断路器

结构特点是体积小，质量轻，灭弧室工艺材料要求高，以真空作为绝缘和灭弧介质，触头不易氧化；技术性能特点是可连续多次操作，开断性能好，灭弧迅速；目前我国只生产35千伏及以下等级产品，110千伏及以上等级产品正在研制之中；运行维护特点是运行维护简单，灭弧室不须要检修，无灭弧及爆炸危险，噪声低。选择断路器形式时，应依据各类断路器的特点及使用环境、条件决定。

2. 额定电压和电流选择

高压断路器的额定电压和电流要大于电网的额定电压和电网的最大负荷电流。

3. 开断电流选择

高压断路器的额定开断电流，不应小于实际开断瞬间的短路电流周期分量。国产高压断路器按国家标准规定，高压断路器的额定开断电流仅计入20%的非周期分量。一般中、慢速断路器，开断时间较长，短路电流非周期分量衰减较多，能满足标准规定的要求。对于使用快速保护和高速断路器，其开断时间小于0.1s，当电源附近短路时，短路电流的非周期分量可能超过周期分量的20%，须用短路全电流进行验算。

4. 短路关合电流的选择

在断路器合闸之前，若线路上已存在短路故障，则在断路器合闸过程中，动、静触头间在未接触时有巨大的短路电流通过（预击穿），更容易发生触头熔焊和遭受电动力的损坏；且断路器在关合短路电流时，不可避免地在接通后又自动跳闸，此时还要求能够切断短路电流。因此，额定关合电流是断路器的重要参数之一。为了保证断路器在关合短路电流时的安全，断路器的额定关合电流不应小于短路电流最大冲击值。

5. 发电机断路器的特殊要求

发电机断路器与一般的输变电高压断路器相比，由于在电力系统中处于特殊位置及开断保护对象的特殊性，因而在许多方面有着特殊要求。对发电机断路器的要求可概括为三方面：①额定值方面的要求。发电机断路器要求承载的额定电流特别高，而且开断的短路电流特别大，都远远超出相同电压等级的输变电断路器。②开断性能方面的要求。发电机断路器应具有开断非对称短路电流的能力，其直流分量衰减时间为133ms，还应具有关合额定短路关合电流的能力、该电流峰值为额定短路开断电流交流有效值的2.74倍，以及要具有开断失步电流的能力等。③固有恢复电压方面的要求。因为发电机的瞬态恢复电压是由发电机和升压变压器参数决定的，而不是由系统决定的，所以其瞬态恢复电压上升率取决于发电机和变压器的容量等级，等级越高，瞬态恢复电压上升得越快。

由此可见，发电机断路器与相同电压等级的输配电断路器相比应满足许多高的要求，有的甚至是“苛刻”的要求。因此，对发电机断路器除了应满足现有的开关制造标准，还制定了发电机断路器的通用技术标准。在选用发电机断路器时，特别对大型机组，应对上述特殊要求给予充分重视，选用专用的发电机断路器。对于小型机组，可采用少油式断路器；对于中大型机组，主要采用SF_6断路器、压缩空气断路器。

（二）隔离开关的选择

隔离开关也是发电厂和变电站中常用的开关电器。它须与断路器配套使用。但隔离开关无灭弧装置，不能用来接通和切断负荷电流和短路电流。

隔离开关的工作特点是在有电压、无负荷电流情况下分、合电路。其主要功能为：

1. 隔离电压

在检修电气设备时，用隔离开关将被检修的设备与电源电压隔离，以确保检修的安全。

2. 倒闸操作

投入备用母线或旁路母线以及改变运行方式时，常用隔离开关配合断路器，协同操作来完成。

3. 分、合小电流

因隔离开关具有一定的分、合小电感电流和电容电流的能力，故一般可用来进行下列操作：分、合避雷器、电压互感器和空载母线；分、合励磁电流不超过 2A 的空载变压器；关合电容电流不超过 5A 的空载线路。

隔离开关与断路器相比，额定电压、额定电流的选择及短路动、热稳定校验的项目相同。但由于隔离开关不用来接通和切除短路电流，故无须进行开断电流和短路关合电流的校验。

隔离开关的形式较多，按安装地点不同，可分为屋内式和屋外式；按绝缘支柱数目又可分为单柱式、双柱式和三柱式。此外，还有 V 形隔离开关。隔离开关的形式对配电装置的布置和占地面积有很大影响。隔离开关选型时应根据配电装置特点和使用要求以及技术经济条件来确定。

三、高压熔断器的选择

高压熔断器是最简单的保护电器，它用来保护电气设备免受过载和短路电流的损害。与高压接触器（真空接触器或 SF_6 接触器）配合，广泛用于 300~600MW 大型火电机组的厂用 6 千伏高压系统，称为“F-C 回路”。

（一）高压熔断器形式选择

按安装条件及用途选择不同类型高压熔断器如屋外跌开式、屋内式。对用于保护电压互感器的高压熔断器应选专用系列。

（二）高压熔断器额定电压选择

对于一般的高压熔断器，其额定电压必须大于或等于电网的额定电压。但是对于充填石英砂有限流作用的限流式熔断器，则不宜使用在低于熔断器额定电压的电网中。这是因为限流式熔断器灭弧能力很强，熔体熔断时因截流而产生过电压，一般在额定电压必须等于电网的额定电压的电网中，过电压倍数为 2~2.5 倍，不会超过电网中电气设备的绝缘水平；但如在额定电压大于电网的额定电压的电网中，因熔体较长，过电压值可达 3.5~4 倍相电压，可能损害电网中的电气设备。

（三）高压熔断器额定电流选择

熔断器的额定电流选择，包括熔断器熔管的额定电流和熔体的额定电流的选择。

1. 熔管额定电流的选择

为了保证熔断器壳不致损坏，高压熔断器的熔管额定电流应大于熔体的额定电流。

2. 熔体额定电流的选择

为了防止熔体在通过变压器励磁涌流和保护范围以外的短路及发电机自启动等冲击电流时误动作，保护35千伏及以下电力变压器的高压熔断器，其熔体的额定电流应根据电力变压器回路最大工作电流选择。

保护电力电容器的高压熔断器的熔体，当系统电压升高或波形畸变引起回路电流涌流时不应熔断，其熔体的额定电流应根据电容器回路的额定电流选择。

3. 熔断器开断电流校验

对于没有限流作用的熔断器，选择时用冲击电流的有效值进行校验；对于有限流作用的熔断器，在电流达到最大值之前已截断，故可不计非周期分量影响。

四、互感器的选择

互感器是电力系统中测量仪表、继电保护等二次设备获取电气一次回路信息的传感器。互感器将高电压、大电流按比例变成低电压和小电流，其一次侧接在一次系统，二次侧接测量仪表与继电保护等。互感器包括电流互感器和电压互感器两大类，主要是电磁式的。

为了确保工作人员在接触测量仪表和继电器时的安全，互感器的每一个二次绕组必须有一可靠的接地，以防绕组间绝缘损坏而使二次部分长期存在高电压。

（一）电流互感器的选择

1. 种类和形式的选择

选择电流互感器时，应根据安装地点（如屋内、屋外）和安装方式（如穿墙式、支持式、装入式等）选择其形式。选用母线型电流互感器时应注意校核窗口尺寸。

2. 准确级和额定容量的选择

为了保证测量仪表的准确度，电流互感器的准确级不得低于所供测量仪表的准确级。装于重要回路（如发电机、调相机、厂用馈线、出线等回路）中的电流互感器的准确级不应低于0.5级；对测量精度要求较高的大容量发电机、变压器、系统干线和500千伏级宜采用0.2级；对供运行监视、估算电能的电能表和控制盘上仪表的电流互感器应为0.5~1

级；供只须估计电参数仪表的电流互感器可用3级。对于不同的准确级，互感器有不同的额定容量，与互感器的准确级与二次侧负载有关。

3. 热稳定和动稳定校验

（1）只对本身带有一次回路导体的电流互感器进行热稳定校验。电流互感器热稳定能力常以允许通过的热稳定电流或一次额定电流的倍数来表示。

（2）动稳定校验包括由同一相的电流相互作用产生的内部电动力校验，以及不同相的电流相互作用产生的外部电动力校验。

（二）电压互感器的选择

1. 种类和形式的选择

应根据装设地点和使用条件进行电压互感器的种类和形式的选择。

2. 一次额定电压和二次额定电压的选择

3~35千伏电压互感器一般经隔离开关和熔断器接入高压电网。110千伏及以上的电压互感器可靠性较高，电压互感器只经过隔离开关与电网连接。

3. 容量和准确级的选择

根据仪表和继电器接线要求选择电压互感器的接线方式，并尽可能将负荷均匀分布在各相上，然后计算各相负荷大小，按照所接仪表的准确级和容量，选择互感器的准确级和额定容量。互感器的额定二次容量（对应于所要求的准确级），应不小于电压互感器的二次负荷。

电压互感器三相负荷常不相等，为满足准确级要求，通常以最大相负荷进行比较。计算电压互感器各相的负荷时，必须注意电压互感器和负荷的接线方式。

五、限流电抗器的选择

常用的限流电抗器有普通电抗器和分裂电抗器两种，选择方法基本相同。

（一）额定电压和额定电流的选择

当分裂电抗器用于发电厂的发电机或主变压器回路时，额定电压一般按发电机或主变压器额定电流的70%选择；而用于变电站主变压器回路时，额定电流取臂中负荷电流较大者，当无负荷资料时，一般按主变压器额定容量的70%选择。

（二）电抗百分数的选择

1. 普通电抗器电抗百分数的选择

（1）按将短路电流限制到一定数值的要求来选择。

（2）正常运行时电压损失校验。

（3）母线残压校验。若出现电抗器回路未设置速断保护，为降低短路对其他用户的影响，当线路电抗器后短路时，母线残压应不低于电网电压额定值的60%~70%。

2. 分裂电抗器电抗百分数的选择

分裂电抗器电抗百分值按将短路电流限制到要求值来选择。在正常运行情况下，分裂电抗器的电压损失很小，但两臂负荷变化可引起较大的电压波动，故要求两臂母线的电压波动不大于母线额定电压的5%。

（三）热稳定和动稳定校验

分裂电抗器抵御两臂同时流过反向电流的动稳定能力较低，因此，分裂电抗器除分别按单臂流过短路电流校验外，还应按两臂同时流过反向短路电流进行动稳定校验。

第四节　电力系统的特点

一、电力系统是一个有机的统一整体

电力网和负荷（用户）组成了电力系统。电力系统作为一个整体，它主要有：①电力系统的负荷预测（短期和中长期）、电力平衡与经济调度；②电力系统频率与电压的实时调整；③电力系统故障分析与事故处理；④电力系统网络结构分析及制定合理的运行接线方式、电力系统稳定性分析及提高稳定性的技术措施。

电力系统的产、供、销实际是同时进行的。电能的生产和输送的目的就是给用户使用，在供电过程中既要保证电能质量，又要经济可靠。因此，供电系统的基本要求是：①供电的可靠性；②电能质量合格；③安全、经济、合理性；④电力网的运行调度的灵活性。

二、电力系统的功率平衡

电力系统时时刻刻处在动态平衡的相对稳定之中，电能的生产、输送、使用必须同时进行，并必须保持动态平衡。能量的转换以功率的形式表现出来。因此，必须时刻保持电力系统有功功率和无功功率的平衡。

（一）有功功率平衡

电力系统有功功率不足引起的频率稳定问题：国家规定，电网的频率标准是 50Hz，装机容量在 3 000MW 以上的电网，频率偏差要小于±0. 2Hz。不可升高或降低频率运行。频率越低，对电力系统的安全威胁就越大。频率低于 47Hz 以下时就有可能发生“频率崩溃”使系统全部瓦解。

（二）无功功率平衡

电力系统无功功率不足引起的电压稳定问题：电压过高过低都对电气设备和电力系统自身的安全产生较大的危害。无功严重不足的地区，可能出现电压崩溃使局部电网瓦解。因此，电压水平是电能质量的又一重要指标。电力系统各级调度部门在进行有功功率平衡的同时也在进行无功功率的平衡。

三、电力系统负荷变化的随机性

在正常条件下电力系统的负荷和机组出力的变化也是随机的。电力系统的总负荷是由许多用户的用电负荷叠加起来的。单个用户消耗的电力是随机变化的。叠加起来的总负荷随时间的变化带有随机的性质。把每天的日负荷曲线对照，就会看到负荷曲线的形状（轮廓）较为相似，但每天同一时刻的负荷在数值上不完全相同，把电力系统每日 24h 的负荷绘制成曲线，时间间隔无严格规定，习惯上以每小时的整点记录为准，得出的负荷曲线叫日负荷曲线。若将每个整点的负荷看成是一个随机变量的取值，一天就有 24 个随机变量。以此类推，根据每月最大的负荷绘制成年最大负荷曲线。电力系统的负荷每天 24 小时都在不断变化：有高峰 8 个小时（7：30—11：30、17：00—21：00），有低谷 7 个小时（22：00—5：00），其余 9 个小时是平峰。

四、电力系统要保持自身的安全与稳定

电力系统是一个转换能量的完整独立的系统，是一个时时刻刻都要保持动态平衡的物质实体，所以，就产生了自身的安全和稳定的问题。保持电力系统的安全稳定是保证对用户连续供电的先决条件，电力系统安全与稳定的物质基础是：合理的网络结构，高技术水平的安全自动装置。

综上所述，由于电网技术的不断升级及电网规模的扩大，我国电力网的发展方兴未艾。随着跨区跨省送电能力的增长，全国性的互联电网已初步形成。全国统一电力系统的形成是电力工业发展的必然趋势，也是衡量国家工业化水平高低的重要标志。

第二章　电气设备工作原理及主接线

第一节　电气设备的基础理论

一、万用表

万用表又称多用表，是一种多功能、多量程的便携式电工仪表，一般可用来测量交直流电压、直流电流和电阻等多种物理量，有些还可以测量交流电流、电感、电容和晶体管直流放大系数等。

（一）指针式（模拟式）万用表

指针式万用表又称模拟式万用表。指针式万用表刻度使用方法及注意事项如下：

（1）测试棒要完好，绝缘符合要求。

（2）观察表头指针是否指向电压、电流的零位，若不是，则调节机械零位调节器使其指零。

（3）根据被测参数种类和大小选择转换开关的位置和量程，应尽量使表头指针偏转到满刻度的2/3处。如事先不知道被测量的范围，应从最大量程开始逐渐减小到适当的量程挡。

（4）测量电阻前，应先对相应的欧姆挡调零（将两表笔相碰，旋转调零旋钮，使指针指示在0Ω处）。每换一次欧姆挡都要进行调零。如旋转调零旋钮无法使指针达到零位，则可能是表内电池电量不足，须更换新电池。

（5）测量直流量时注意极性，测量直流量时电流从表笔正（+）端流入，从负端（-）流出；测直流电压时，红表棒接高电位，黑表棒接低电位。

（6）测量读数要从相应的标尺去读，并注意量程。若测量的是电阻，则读数=标尺读数×倍率。

（7）测量时手不要去碰表棒的金属部分，以保证安全和测量准确。

（8）不能带着被测对象转动转换开关。

（9）不要用万用表直接测量微安表、检流计等灵敏电表的内阻。

（10）测量晶体管时，要用低压高倍率挡。注意“-”为内电源的正端，“+”为内电源的负端。

（11）测量完毕后，应将转换开关旋转至交流电压最高挡，有“OFF”挡的则旋转至“OFF”。

（二）数字式万用表

数字式万用表与指针（模拟）式万用表相比有很多优点：灵敏度高、准确度高、显示直观、功能齐全、性能稳定、小巧灵便，并具有极性选择、过载保护、过量程显示等功能。

使用方法及注意事项如下：

1. 交直流电压的测量

（1）将黑表棒插入 COM 插孔中，红表棒插入 V/Ω 插孔中。

（2）将功能开关置于 DCV（直流）或 ACV（交流）的适当量程挡，将表棒并接到被测电路两端，显示器将显示被测电压值和极性（若显示器只显示“1”，表示超量程，应使功能选择开关置于更高量程挡）。

2. 交直流电流的测量

（1）将黑表笔插入 COM 插孔中，当被测电流小于 400 mA 时，红表笔插入 A 孔，被测电流在 400 mA~10 A 之间时，将红表笔插入 10 A 孔中。

（2）将功能选择开关置于 DCA（直流）或 ACA（交流）的适当量程挡，测试棒串入被测电路，显示器在显示被测电流大小的同时还显示极性。

3. 电阻的测量

（1）将黑表笔插入 COM 插孔中，红表笔插入 V/Ω 插孔中。

（2）将功能选择开关置于电阻的适当量程挡，将表笔接在被测电阻上，显示器将显示被测电阻值。

4. 二极管的测量

（1）将黑表笔插入 COM 插孔中，红表笔插入 V/Ω 插孔中。

（2）将功能选择开关置于“二极管”挡，将表笔接到被测二极管两侧，显示器将显示二极管正向压降的 mV 值。当二极管反接时，则显示“1”。

（3）若两个方向均显示“1”，表示二极管开路；若两个方向均显示“0”，则表示二极管击穿短路。这两种情况均说明二极管已经击穿，不能使用。

（4）该量程挡还可以用作带声响的通断测试，即当所测电路的电阻在 7Ω 以下时，表内的蜂鸣器发声，表示电路导通。

5. 晶体管放大系数的测量

（1）将功能选择开关置于 h_{FE} 挡。

（2）确认晶体管是 NPN 型还是 PNP 型，将 E、B、C 三脚分别插入相应的插孔内，显示器将显示晶体管放大系数的近似值。

6. 电容器的测量

（1）将功能选择开关置于 CAP 适当量程挡，调节电容调零器使其显示为“0”。

（2）将被测电容插入“Cx”测试孔中，显示器将显示其电容值。

二、兆欧表

兆欧表又称摇表、高阻计或绝缘电阻测定仪，是一种简便的、常用来测量高电阻或绝缘电阻的直读式仪表。一般用来测量电路、电机绕组、电线电缆的绝缘电阻。兆欧表有两种形式：手摇供电和电池供电。下面的讨论仅针对手摇兆欧表。

使用方法及注意事项如下：

①使用前先对兆欧表进行一次开路和短路试验，检查兆欧表是否良好。空摇兆欧表，指针应指向“∞”处，然后再慢慢摇动手柄，使两端瞬时短接，指针应迅速指在“0”处。

②不可在设备带电的情况下测量绝缘电阻，且应对具有电容的高压设备先行放电（2~3 min）。

③兆欧表与被测线路或设备的连接要用绝缘良好的单根导线，不能用双股绝缘线或绞线，避免因绝缘不良引起测量误差。

④摇动手柄的速度要均匀，一般规定 120 r/min，允许有±20%的变化。通常要摇动 1 min 后，待指针稳定后再读数。如被测电路中有电容时，先持续摇动一段时间，让兆欧表对电容充电，指针稳定后再读数，若测量中发现指针指零，则应立即停止摇动。

⑤在兆欧表未停止摇动前，切勿用手触及设备的测量部分和兆欧表的接线端。测量完毕后对设备充分放电，否则容易引起触电事故。

⑥禁止在雷电时或邻近有高压导体的设备处使用兆欧表。

三、钳形电流表

钳形电流表又称钳形表，一种是电流互感器的变形，可以在不断开电路的情况下直接测量交流电流。如果采用霍尔效应原理制作钳形电流表，则交、直流电流均可被测量。

使用方法及注意事项如下：①检查钳口开合情况，要求钳口可动部分开合自如，两边钳口结合面接触紧密；②检查电流表指针是否在零位，否则调节回零按钮使其指零；③功能选择旋钮置于适当位置，不准在测量过程中切换功能选择旋钮；④将被测导线置于钳口内中心位置即可读数；⑤测量结束后将功能选择旋钮置于 OFF 位置。

四、相序指示器

在三相交流电动机中相序决定电动机的转向，在电力电子变流技术中相序决定触发脉冲的对应关系。在这些情况下，接线的相序是不能颠倒的。相序指示器是一种简便的判断相序的测试工具。

使用方法及注意事项如下：①注意不要超出相序指示器的使用电压范围；②将三个接线夹子夹住三相电源线的金属端；③上面的指示灯亮表明所接线为顺序，下面的指示灯亮表明所接线为逆序；④使用相序指示器可以判断接线的相序是否一致，可以判断电动机的转向是否符合要求。

五、示波器

示波器全名为阴极射线示波器。它是观察和测量电信号的一种电子仪器。一切可以转化为电压的其他电学量（如电流、电功率、阻抗、位相等）和非电学量（温度、位移、压强、磁场、频率等）及它们随时间的变化过程，都可以用示波器来进行实时观察。

尽管示波器的型号和规格有很多，但都是由显示部分、垂直偏转系统、水平偏转系统和触发系统四个基本部分组成。

（一）显示部分

1. 荧光屏

荧光屏是示波管的显示部分。屏上水平方向和垂直方向各有多条刻度线，指示出信号波形的电压和时间之间的关系。水平方向指示时间，垂直方向指示电压。水平方向分为 10 格，垂直方向分为 8 格，每格又分为 5 份。

2. 电源开关

示波器主电源开关。当此开关按下时，电源指示灯亮，表示电源接通。

3. 亮度

旋转此旋钮能改变光点和扫描线的亮度。观察低频信号时可小些，高频信号时大些。一般不应太亮，以保护荧光屏。

4. 聚焦

调整光点或波形的清晰度。聚焦旋钮调节电子束截面大小，将扫描线聚焦成最清晰状态。

5. 标准信号输出

1kHz、1V 方波校准信号由此引出。加到 Y 轴输入端，用以校准 Y 轴输入灵敏度和 X 轴扫描速度。

（二）垂直偏转系统

1. CH1

通道 1（CH1）垂直放大器信号输入 BNC 插座。当示波器工作于 X-Y 模式时作为 X 信号的输入端。

2. CH2

通道 2（CH2）垂直放大器信号输入 BNC 插座。当示波器工作于 X-Y 模式时作为 Y 信号的输入端。

3. 输入耦合方式选择开关

（1）选择“地”时，扫描线显示出“示波器地”在荧光屏上的位置。

（2）DC 耦合用于测定信号直流绝对值和观测极低频信号。

（3）AV 耦合用于观测交流和含有直流成分的交流信号。

4. VOLTS/DIV

垂直轴电压灵敏度切换、阶梯衰减器开关，分 10 个挡位。例如，5 代表每格 0.5V。如果使用的是 10∶1 的探头，计算时将幅度×10。

5. 微调

可变衰减旋钮/增益×5 开关。逆时针方向旋转，可使显示波形的幅度连续减小，直至原来幅度的 1/2.5。

6. 反相

将通道的信号进行反相。

7. ↑↓调节旋钮

CH1 的垂直位置调整旋钮/直流偏移开关。调节 CH1 轨迹在屏幕上的垂直位置。

8. 垂直轴工作方式选择开关

（1）CH1：仅显示 CH1 的信号。

（2）CH2：仅显示 CH2 的信号。

（3）交替：交替显示方式。

（4）叠加：叠加显示方式。

（三）水平偏转系统

1. TIME/DIV

扫描速度切换开关，可同时控制 CH1 和 CH2 通道，共 19 挡，可在 0.2μs/div～0.2s/div 范围选择扫描速率。如 2ms，代表每横格是 2ms。当置于 X-Y 位置时，示波器为 X-Y 工作方式。CH1 为 X 信号通道，CH2 为 Y 信号通道。

2. 扫描微调

扫描速度可变旋钮，一般处于校准位置（顺时针方向旋转到底）。

3. ←→调节按钮

水平位置旋钮/扫描扩展开关，用于调节轨迹在水平方向上的移动。

4. 扩展

拉出时，扫描因数×10 扩展，扫描时间为 TIME/DIV 开关指示值的 1/10。

（四）触发系统

1. AV

交流耦合，只允许用触发信号的交流分量触发，触发信号的直流分量被隔断。

2. DC

直流耦合，不隔断触发信号的直流分量。

3. 高频

高频耦合，触发信号经过高通滤波器加到触发电路，触发信号的低频成分被抑制。

4. TV

视频信号耦合，专门为电视信号而设计的一种触发方式，在该模式下触发电平控制不起作用，示波器使用视频信号中的同步脉冲作为触发信号。

（五）示波器的使用

1. 测量交流信号的峰–峰值

电压测量的最基本方法是计算在示波器垂直刻度上波形跨距的分割数目。调整信号使其在垂直方向上覆盖大部分屏幕，得到最佳电压测量所使用的屏幕区域越大，从屏幕上所读的值就越精确。

（1）调节 CH1 灵敏度选择开关 VOLTS/DIV，使屏幕上显示的波形幅度适中。

（2）若波形不稳定，可调节“触发电平”旋钮，使之稳定。被测信号的峰–峰值＝CH1 灵敏度选择开关指示的标称值×被测信号的在 Y 轴方向所占格数。

2. 测量交流信号的周期

对于周期性的被测信号，只要测定一个完整周期 T，则频率 $f(\mathrm{Hz}) = 1/T(\mathrm{s})$。

（1）调节扫描速度切换开关（TIME/DIV），使波形的周期显示尽可能大。

（2）读取波形一个周期所占格数及扫描速度 TIME/DIV，则被测信号的周期 T＝波形一个周期所占格数×扫描速度切换开关（TIME/DIV）指示值 $f = 1/T(\mathrm{Hz})$。

3. 直流电压的测量

直流电首先要确定正负电极，然后调档位至直流电压测定，读出数据，档位调至电阻测定档，然后两笔接触被测电阻两端，根据表盘表示读出数据。

（六）示波器的注意事项

第一，大多数示波器都有在屏幕上的游标，它可以让用户在屏幕上自动进行波形测量，而不用数刻度标识。

第二，一个光标就是一条用户可以在屏幕上移动的线。两条水平光标线可以被上下移动来括出波形幅值用于电压测量，同样，两条垂直线可以左右移动用于时间测量。在它们位置上的读数指示出电压或者时间。

第三，荧光屏上的光点不能调得太亮，并且不能长时间停留在屏上，以免损坏荧光屏。

第四，使用示波器应轻轻旋动各旋钮，当旋钮拧不动时不可强拉硬转，否则将损坏仪器。

第五，实验过程中，光点强度不能太高，短时间不使用时，应将辉度关掉。

（七）双通道操作

改变垂直方式到 DUAL 状态，于是通道 2 的光迹也会出现在屏幕上。这时通道 1 显示一个方波（来自校正信号输出的方波），而通道 2 仅显示一条直线。现将校正信号也接至 CH2 的输入端，将 AC-GND-DC 设置到 AC 状态，调整垂直位置使两通道的波形一样高，释放 ALT/CHOP 开关（置于 ALT 方式）。CH1 和 CH2 上的信号交替地显示在屏幕上，此设定用于观察扫描时间较短的两路信号。按下 ALT/CHOP 开关（置于 CHOP 方式），CH1 和 CH2 上的信号以 250 kHz 的速度独立地显示在屏幕上，此设定用于观察扫描时间较长的两路信号。在进行双通道操作时（DUAL 或加减方式），必须通过触发信号源的选择开关来选择通道 1 或者通道 2 的信号作为触发信号。如果 CH1 和 CH2 的信号同步，则两个波形都会稳定地显示出来。反之，则仅有触发源的信号可以稳定地显示出来；如果 TRIG/ALT 开关按下，则两路波形都会稳定地显示出来。

（八）加减操作

通过设置垂直加减开关到“加”的状态，可以显示 CH1 和 CH2 两路信号的代数和，如果 CH2 INV 开关被按下则为代数减。为了得到加减的精确值，两个通道的衰减必须一致。垂直位置可以通过“▲▼位置键”来调整。鉴于垂直位置放大器的线性变化，最好将该旋钮设置在中间位置。

（九）触发器的选择

正确地选择触发源对于有效地使用示波器至关重要，用户必须十分熟悉触发源的选择功能及其工作次序。

1. 方式 MODE 开关

（1）AUTO：当选为自动模式时，扫描发生器自动产生一个没有触发信号的扫描信号；当有触发信号时，它会自动转换到触发扫描，通常第一次观察一个波形时，将其设置为“AUTO”，当一个稳定的波形被观察到以后，再调整其他设置。当其他控制部分设定好以后，通常将开关设回“NORM”方式，因为该方式更加灵敏。当测量直流信号或小信号时必须采用“AUTO”方式。

（2）NORM：常态。通常扫描器保持在静止状态，屏幕上无光迹显示。当触发信号经过由触发电平开关设置的阈门电平时，扫描一次。之后扫描器又回到静止状态，直到下一次被触发。在双踪显示“ALT”与“NORM”扫描时，除非通道 1 与通道 2 有足够的触发电平，否则不会显示。

（3）TV-V：电视场。当须要观察一个整场的电视信号时，将 MODE 开关设置到 TV-V，对电视信号的场信号进行同步，扫描时间通常设定到 2 ms/div（1 帧信号）或 5 ms/div（1 场 2 帧隔行扫描信号）。

（4）TV-H：电视行。对电视信号的行信号进行同步，扫描时间通常为 10 μs/div，显示几行信号波形。可以用微调旋钮调节扫描时间到所需要的行数。送入示波器的同步信号必须是负极性的。

2. 触发信号源功能

为了在屏幕上显示一个稳定的波形，需要给触发电路提供一个与显示信号在时间上有关联仪器。

（1）CH1/CH2：大部分情况下采用的是内触发模式。送到垂直输入端的信号在预放以前分一支到触发电路中由于触发信号就是测试信号本身，因此，显示屏上就会出现一个稳定波形。在 DUAL 和 ADD 方式下，触发信号由触发源开关来选择。

（2）LINE：用交流电源的频率作为触发信号。这种方法对于测量与电源频率有关的信号十分有效。如音响信号的交流噪声、晶闸管电路等。

（3）EXT：用外来信号驱动扫描触发电路。该外来信号因与要测的信号有一定的时间关系，波形可以更加独立地显示出来。

3. 触发电平与极性开关

当触发信号通过一个预置的阈门电平时会产生一个扫描触发信号，调整触发电平旋钮可以调整该电平，向“+”方向旋转时可以提高阈门电平，向“-”方向旋转时可以减小阈门电平，当在中间位置时，阈门电平设定在信号的平均值上。触发电平可以调节扫描起点在波形的任一位置上。对于正弦信号，起始相位是可变的。注意，如果触发电平的调节过正或过负，也不会产生扫描信号，因为这时触发电平已经超过了同步信号的幅值。极性触发开关设置在“+”时，上升沿触发；极性触发开关设置在“-”时，下降沿触发。

4. 触发交替开关

当垂直方式选定在双踪显示时，该开关用于交替触发和交替显示（适用于 CH1、CH2 或相加方式）。在交替方式下，每经过一个扫描周期，触发信号交替一次。这种方式有利于波形幅度、周期的测试，甚至可以观察两个在频率上并无联系的波形。但不适合于相位和时间对比的测量，对于此种测量，两个通道必须采用同一同步信号触发。

在双踪显示时，如果“CHOP”和“TRIG. ALT”同时按下，则不能同步显示，因为“CHOP”信号成为触发信号。此时请使用“ALT”方式或直接选择 CH1 或 CH2 作为触发信号源。

（十）扫描速度控制

调节扫描速度旋钮，可以选择想要观测的波形个数。如果屏幕上显示的波形过多，则调节扫描时间更快些；如果屏幕只有一个周期的波形，则可以减慢扫描时间。当扫描速度太快时，屏幕上只能观测到周期信号的一部分。如对于方波信号，可能在屏幕上显示的只是一条直线。

（十一）扫描扩展

当须要观测一个波形的局部时，需要很高的扫描速度。但是如果想要观测的部分远离扫描的起点，则想要观测的部分可能已经伸出到屏幕之外。这时就须要使用扫描扩展开关。当扫描扩展开关按下后，显示的范围会扩展 10 倍。这时扫描的速度是“扫描速度开关”上的值乘以 1/10。

（十二）X-Y 操作

将扫描速度开关设定在 X-Y 位置时，示波器工作方式为 X-Y。

X 轴：CH1 输入

Y 轴：CH2 输入

X-Y 方式允许示波器进行常规示波器所不能做的很多测试。CRT 可以显示一个电子图形或两个瞬时的电平。它可以是两个电平直接的比较，就像向量示波器显示视频彩条图形。如果使用一个传感器将有关参数（频率、温度、速度等）转换成电压的话，X-Y 方式就可以显示几乎任何一个动态参数的图形。一个例子是频率响应的测试，这里 Y 轴对应于信号幅度，X 轴对应于信号的频率。

（十三）直流平衡调整

将 CH1 和 CH2 的输入耦合开关设定为 GND，触发方式为自动，将光迹调到中间位置，将衰减开关在 5 mV 和 10 mV 之间来回切换，调整 DC BAL 到光迹在零水平线不动为止。

第二节　高压开关电器

一、电弧产生和熄灭的机理

机械式开关电器是用触头的位移来断开电路电流的。当开关电器的动、静触头间的电压高于 10～20 V、电流大于 80～100 mA 时，就会在触头间产生电弧。开断回路的电压越高、电流越大，电弧燃烧越剧烈。

电弧的产生对电力系统的安全运行有很大的影响。首先，电弧延长了电路开断的时间。在开关分断短路电流时，尽管开关触头已经分离，但是由于电弧是导体，电流仍然通过电弧流动，这样就延长了短路电流通过电路的时间，使短路电流危害的时间延长，可能对电路设备造成更大的损坏。同时，电弧的高温可能烧损开关的触头，烧毁电气设备和导线电缆，还可能引起弧光短路，甚至引起火灾和爆炸事故。因此，开关设备在结构设计上要保证操作时电弧能迅速熄灭。为此，在介绍开关设备之前，有必要简要介绍电弧产生与熄灭的原理和灭弧的方法，以及对电气触头的要求。

（一）交流电弧的产生

电弧的产生及维持是触头间绝缘介质的中性质点（分子和原子）被游离的结果。游离就是中性质点转化为带电质点。电弧的形成过程就是气态介质或固态介质、液态介质高温汽化后向等离子体态的转化过程。因此，电弧是一种游离的气体放电现象。发生电弧的游离方式有以下四种：

1. 高电场发射

在开关触头分开的最初瞬间，由于触头间距离很小，电场强度很大，当场强超过 3×10^6 V/cm 时，在高电场的作用下，阴极表面的电子就会被强拉出去，进入触头间隙成为自由电子。这是在弧隙间最初产生电子的原因。

2. 碰撞游离

当触头间隙存在着足够大的电场强度时，其中的自由电子以相当大的动能向阳极运动，电子在高速运动中会碰撞到中性质点，可能使中性质点中的电子游离出来，从而使中性质点变成带电的正离子和自由电子。这些被碰撞游离出来的带电质点在电场力的作用下，继续参加碰撞游离，结果使触头间介质中的离子数越来越多，形成“雪崩”现象。当离子浓度足够大时，介质击穿而发生电弧。

3. 热电发射

触头是由金属材料做成的，在常温下金属内部就存在大量运动着的自由电子。当开关触头分断电路时，弧隙间的高温使触头阴极表面受热出现强烈的炽热点，温度很高，因而使触头表面大量自由电子获得足够能量而发射到触头间隙，并且在电场力的作用下加速向阳极运动。

4. 热游离

电弧的温度很高，表面温度可达 3 000~4 000℃，弧心温度可高达 10 000℃。在高温下电弧中的中性质点会产生剧烈运动，彼此之间会相互碰撞，又会游离出正离子和自由电子（据研究，一般气体在 9 000~10 000℃时会发生游离，金属蒸气在 4 000℃左右即发生游离），从而进一步加强了电弧中的游离。触头越分开，电弧越大，热游离越显著。

综上所述，开关电器触头间的电弧是由于阴极在强电场作用下发射自由电子，而该电子在触头外加电压作用下发生碰撞游离所形成的。在电弧高温的作用下，阴极表面产生热发射，并在介质中发生热游离，使电弧得以维持和发展。这就是电弧产生的主要过程。

（二）交流电弧的熄灭

在电弧中发生中性质点游离过程的同时，还存在着相反的过程，即让带电质点减少的去游离过程。如果去游离过程大于游离过程，电弧将越来越小，直至最后熄灭。因此，要想熄灭电弧，必须使触头间电弧中的去游离率大于游离率，即让离子消失的速度大于离子产生的速度。去游离的主要方式有：

1. 复合

复合是指正、负带电质点重新结合为中性质点。由于弧柱中自由电子的运动速度约为离子运动速度的 1 000 倍，所以通常动能小的电子先附在中性质点上，形成负离子，再与正离子复合。复合与电弧中的电场强度、温度及电弧截面等因素有关。电弧中的电场强度越弱，电弧温度越低，电弧截面越小，带电质点的复合越强。

2. 扩散

扩散是指电弧中的带电质点向周围介质扩散开去。扩散去游离主要有：①浓度扩散，即带电质点由浓度高的弧道向浓度低的弧道周围扩散，使弧道中带电质点减少；②温度扩散，即弧道中的高温带电质点向温度低的弧道周围的介质中扩散。因此，扩散与周围介质的温度和离子浓度有关，也与电弧截面有关，电弧截面越小，离子扩散越强。

游离和去游离是电弧燃烧中两个相反的过程，这两个过程的动平衡可使电弧稳定燃烧。若游离过程大于去游离过程，则会使电弧更加强烈地燃烧；反之，则会使电弧燃烧减弱，直至最终熄灭。

（三）交流电弧的基本特性

1. 伏安特性

电弧电阻是一个非线性电阻。交流电弧的特点是每半个周期要经过零值一次。电流过零时，电弧自然暂时熄灭。由于交流电流变化很快，弧柱的热惯性起很大的作用，对应于正弦波电流，半个波内电弧电压中间大部分平坦；只在电流靠近零时，电弧电压升高，呈现电弧尖峰。所以，交流电弧的伏安特性都是动态特性。所谓热惯性，是指电流虽已减少，但弧隙中热量来不及立即散出，因此弧隙温度来不及立即降低，电弧电阻还保持原来较低的值，所以电弧电压也较低。在交流电弧中，由于介质的热惯性，熄弧电压总低于燃弧电压。

2. 弧隙的耐压强度（介质强度）恢复过程

由于交流电弧每半个周期要过零一次，在电流过零时电弧熄灭，弧隙的绝缘能力要经过一定时间恢复到绝缘的正常状态的过程，称为介质强度的恢复过程，以耐受电压 $U_d(t)$ 表示。弧隙介质强度主要由断路器灭弧装置的结构和灭弧介质的性质决定，随断路器的形式而异。目前常用的灭弧介质有油、空气、真空、SF_6。在电流过零瞬间，介质强度突然出现升高的现象，称为近阴极效应。这是因为在电弧过零之前，弧隙充满着正离子和电子，当电流过零后，弧隙的电极极性发生变化，孤隙中的电子立即向新阳极运动，而比电子质量大 1 000 多倍的正离子则基本未动，从而在新阴极附近呈现正离子层空间。其电导很低，显示出一定的介质强度，在 0.1~1μm 的时间内立即出现 150~250 V 的起始介质强度。之后介质强度的增长速度和恢复过程与电弧电流的大小、介质特性、触头分离速度和冷却条件等因素有关。

3. 弧隙电压恢复过程

电弧电流自然过零后，电源施加于弧隙的电压将从不大的电弧熄灭电压不断增大，一直恢复到电源电压，这一过程称为弧隙电压恢复过程，其中的弧隙电压称为恢复电压，以 $U_r(t)$ 表示。电压恢复过程取决于系统参数，即线路参数、负荷特性等，可能是周期性的或非周期性的变化过程。

当弧隙恢复电压的恢复速度比介质强度的恢复速度快时，电弧在电流过零后会重新燃烧，电流将继续以电弧的形式流过断口，电路不能断开；相反，当介质强度的恢复速度比弧隙电压的恢复速度快时，电弧不再重燃，电路即被断开。

在电弧电流过零时，同时存在两个恢复过程，即弧隙的耐压强度（或称介质强度）恢复过程和电源电压恢复过程。断路器开断交流电路时，熄灭电弧的条件应为介质强度耐受电压大于电源恢复电压。如果电源恢复电压小于介质强度耐受电压，弧隙就被电击穿，电弧重燃；反之，电弧熄灭。

（四）开关电器中常用的灭弧方法

电弧能否熄灭取决于电弧电流过零时，弧隙的介质强度恢复速度与电源电压恢复上升速度的竞争。介质强度的增长取决于游离与去游离的相互作用。增加弧隙的去游离速度或减少电弧电压恢复速度，都可以促使电弧熄灭。根据这个道理，现代开关电器厂采用的灭弧方法如下：

1. 提高断路器触头的分离速度，迅速拉长弧法

迅速拉长电弧，可使弧隙的电场强度骤降，同时使电弧的表面突然增大，有利于电弧的冷却和带电质点向周围介质中的扩散和离子复合，从而加速电弧的熄灭。因此，在高压

开关中须要装设强有力的断路弹簧，以便提高开关电器的分闸速度。这是开关电器中普遍采用的最基本的灭弧方法。

2. 采用新型介质灭弧

电弧中的去游离程度在很大程度上取决于电弧周围介质的特性，如介质的传热能力、介电强度、热游离温度和热容量。这些参数的数值越大，则去游离作用越强，电弧就越容易熄灭。六氟化硫 SF_6 是良好的负电性气体，氟原子具有很强的吸附电子的能力，能迅速捕捉电子形成负离子，为复合创造了有利的条件，因此具有很好的灭弧性能，其灭弧能力比空气约强 100 倍；用真空做灭弧介质时，弧隙间的自由电子很少，碰撞游离的可能性大大减少，而且空气相对真空的带电质点的浓度差和温度差很大，有利于扩散，所以真空的介质强度比空气约大 15 倍。灭弧性能强的新型介质（如 SF_6、真空等）可有效加强去游离作用，促进电弧的熄灭，采用不同的介质可以制成不同类型的断路器。

3. 采用特殊金属材料做灭弧触头

熔点高、导热系数和热容量大的耐高温金属做触头材料，可以减少热电子发射和电弧中的金属蒸气，抑制游离的作用。同时，触头材料还要求有较高的抗电弧、抗熔焊能力。常用的触头材料有铜、钨合金和银等。

4. 采用多断口灭弧

在高压断路器中，为了加速电弧的熄灭，每相采用两个或多个断口串联，在相等的触头行程下，多断口比单断口的电弧长，而且电弧被拉长的速度也增加，加速了电弧电阻的增大，从而加快了介质强度的恢复速度。同时，由于加在每一断口上的电压降低，使电弧恢复电压降低，也有利于电弧熄灭。

5. 吹弧灭弧法

利用气体（空气、SF_6或在高温下固体材料分解出的气体等）或绝缘油吹动电弧，使电弧拉长、冷却，加强弧隙内的去游离作用，从而加速电弧的熄灭。在高压断路器中，利用各种结构形式的灭弧室使气体或油产生巨大的压力并有力地吹向电弧。吹动方向与弧柱轴线平行的叫纵吹，吹动方向与弧柱轴线垂直的叫横吹。现在断路器更多地采用纵、横混合吹弧方式。

6. 长弧切短灭弧法

采用金属栅片将长弧切割成许多短弧，利用近阴极效应灭弧。当动、静触头间发生的电弧进入与电弧垂直放置的金属栅片内时，长弧即被切割成许多串联短弧。在电弧电流过零，电弧熄灭时，每两栅片间均立刻出现 150~250 V 的介质强度，则电弧上的压降将近似地增加若干倍。当作用于触头间的电压小于电弧上总的电压降时，电弧不能维持燃烧而迅速熄灭。

7. 狭缝灭弧法

灭弧栅片由陶土或有机固体材料等制成。当触头间产生电弧时，在磁吹线圈产生的磁场作用下，对电弧产生电动力，将电弧拉长进入灭弧栅片的狭缝中，电弧与栅片紧密接触，有机固体介质在高温的作用下分解而产生气体，使电弧强烈冷却，从而使电弧中的去游离加强，最终使电弧熄灭。

在现代的开关电器中，通常根据具体情况，综合利用以上七种灭弧方法来达到迅速熄灭电弧的目的。

二、高压断路器

高压断路器是电力系统中最重要的开关设备，它对维持电力系统安全、经济和可靠运行起着非常重要的作用。高压断路器的功能是：不仅能通断正常负荷电流，而且能通断一定的短路电流，并能在保护装置的作用下自动跳闸，切除短路故障。因此，对高压断路器的基本要求如下：①绝缘应安全可靠，既能承受最高工频工作电压的长期作用，又能承受电力系统发生过电压时的短时作用；②有足够的动稳定性和热稳定性，能承受短路电流的力效应和热效应而不致损坏；③有足够的开断能力，能可靠地断开短路电流；④动作速度快，熄弧时间短，尽量减轻短路电流造成的损害，并提高电力系统的稳定性。

（一）高压断路器的类型

为了实现正常及故障情况下电路的开断和闭合，断路器必须具有熄灭电弧的能力，否则长时间燃烧的电弧不仅会烧毁断路器本身，还会严重威胁电力系统的安全、稳定运行。因此，高压断路器应具有相当完善的灭弧装置。高压断路器按其采用的灭弧介质来划分，主要有油断路器、六氟化硫（SF_6）断路器、真空断路器等。油断路器又分为多油和少油两大类，其中多油断路器油量多一些，油一方面作为灭弧介质，另一方面作为绝缘介质；少油断路器油量较少，油仅作为灭弧介质。多油断路器因油量多、体积大、断流容量小、运行维护比较困难，因而现已被淘汰；少油断路器目前已逐渐被真空断路器和六氟化硫（SF_6）断路器所取代，使用量也在逐渐减少。下面重点介绍我国日益广泛应用的六氟化硫断路器和真空断路器。

高压断路器型号的表示和含义如下：

1. 六氟化硫（SF_6）断路器

SF_6断路器是利用SF_6气体作为灭弧介质和绝缘介质的。SF_6气体在常态下是无色、无味、无毒、不燃烧的惰性气体，它的最大特点是能在电弧间隙的游离气体中吸附自由电子。此外，由于它的分子直径比空气中的氮、氧分子的直径大，使得电子在 SF_6 气体中的自由行程缩短，不宜在电场中积累能量，减少了它碰撞游离的能力。另外，SF_6 气体的密度是空气的5倍，使得 SF_6 离子在电场中的运动速度比空气中氮、氧离子的运动速度小，更容易发生复合，从而使气体中的带电质点减少。因此，SF_6 气体具有较高的绝缘性能，在均匀电场下 SF_6 的绝缘强度为同一气压下空气的2.5~3倍，其灭弧能力为同等条件下空气的100倍。所以，采用 SF_6 气体作为电器的灭弧介质和绝缘介质，既可大大缩小电器的外形尺寸、减小占地面积，又可利用简单的灭弧结构达到很强的开断能力。此外，电弧在 SF_6 气体中燃烧时，电弧电压特别低，燃弧时间短，因而 SF_6 断路器每次开断后触头烧损很小，不仅适于频繁操作，而且延长了检修周期。

SF_6 断路器的结构按其灭弧方式分，有双压式和单压式两种。双压式具有两个气压系统：一个是压力为0.2~0.3 MPa的低压气体系统，主要用来作为断路器的内部绝缘；另一个是压力为1.4 MPa的高压气体系统，用于灭弧。分闸时气阀门被打开，高压气体吹灭电弧，此时灭弧气体吹向断路器内部的低压区。双压式的优点是开断容量大，动作迅速，但结构复杂。在断路器开断过程中，电弧靠开断时与触头同时动作的压气活塞压出 SF_6 的气流来熄灭。断路器分闸完毕，气压作用亦停止，触头间恢复低压 SF_6 气体。单压式的优点是结构简单、易于制造、可靠性高、便于维护，因此应用比较广泛。

断路器的静触头和灭弧室的压气活塞是相对固定不动的。分闸时，装有动触头和绝缘喷嘴的气缸由断路器操作机构通过连杆带动，离开静触头，造成气压和活塞的相对运动，压缩 SF_6 气体，使之通过喷嘴灭弧，从而使电弧迅速熄灭。我国110 kV及以上的断路器基本使用这种单压式灭弧室结构，其开断电流可达50~63 kA。

SF_6 断路器与油断路器相比，具有断流能力强、灭弧速度快、电绝缘性能好、检修周期长、没有燃烧爆炸危险等优点，但要求加工精度高、密封性能好，因此价格较昂贵。SF_6 断路器主要用于须频繁操作及有易燃易爆危险的场所，特别是广泛用于全封闭组合电器。

2. 真空断路器

真空断路器是利用真空作为灭弧介质和绝缘介质的，其触头装在真空灭弧室内。其真空度在 $1.33\times10^{-2}\sim1.33\times10^{-5}$ Pa之间，由于真空中不存在气体游离的问题，所以触头开断时很难发生电弧。但是，在感性电路中，灭弧速度过快，瞬间切断电流 i 将使 $\frac{di}{dt}$ 极大，从而使电路出现过电压 $L\frac{di}{dt}$，这对电力系统不利。因此，这种真空不能是绝对的真空，实际上能在触头断开时因高电场发射和热发射产生一点电弧，称之为真空电弧，它能在电流第一次过零时熄灭。这样，既能使燃弧时间很短（至多半个周波），又不致产生很高的过电压。

真空断路器主要由真空灭弧室、支持框架和操动机构三部分组成。所有灭弧元件都密封在一个绝缘的玻璃外壳内，导电杆和动触头的密封是利用不锈钢波纹管实现的。波纹管在其允许的弹性变形范围内伸缩时，可以有足够的机械强度。触头用合金材料制成，如铜-铋（Cu-Bi）合金、铜-铋-铈（Cu-Bi-Ce）合金等。为了防止触头间隙燃弧产生的金属蒸气扩散凝结到玻璃壳内壁上而破坏其绝缘性能，在动触头外面四周装有无氧铜板制成的屏蔽罩。屏蔽罩是灭弧过程中起重要作用的结构部件，它可以冷凝、吸收弧隙的金属蒸气。目前，真空断路器多采用弹簧操动机构。

断路器分闸时，最初在动、静触头间产生电弧，使触头表面产生金属蒸气。随着触头的分开和电弧电流的减小，触头间金属蒸气的密度也逐渐减小。当电弧电流过零时，电弧暂时熄灭，触头周围的金属离子迅速扩散，凝聚在四周的屏蔽罩上，触头周围的绝缘介质迅速得到恢复，从而使真空电弧在电流第一次过零时熄灭。真空灭弧室为不可拆卸的整体，不能更换其上的任何零件，当真空度降低或不能使用时，只能更换真空灭弧室。

真空断路器具有体积小、重量轻、动作快、寿命长、操作噪声小、安全可靠和便于维护等优点，但价格较贵，主要适用于频繁操作和安全要求较高的 3~35 kV 现代化配电网中。

（二）高压断路器的主要技术参数

1. 额定电压 U_N 和最高工作电压 U_{max}

额定电压 U_N 是指断路器正常长期的工作电压。在三相系统中，额定电压一般指的是线电压。国家标准规定，断路器的额定电压等级有 10 kV、35 kV、60 kV、110 kV、220 kV、330 kV、500 kV 等。

考虑到输电线路首端与末端的电压可能不同，以及系统调压的要求，对断路器又规定了长期允许工作的最高工作电压 U_{max} 。与上述额定电压对应的最高工作电压分别为 12 kV、40. 5 kV、72. 5 kV、126 kV、252 kV、363 kV、550 kV 等。断路器应能在此电压下长期工作。

2. 额定电流 I_N

额定电流 I_N 是指断路器可以长期通过的最大电流。断路器长期通过额定电流时，其各部分的发热温度不超过国家标准。现代厂家制造的断路器额定电流主要有 630 A、1 000 A、1 250 A、1 600 A、2 000 A、2 500 A、3 150 A、4 000 A 等。

3. 额定开断电流 $I_{N.oc}$

额定开断电流 $I_{N.oc}$ 是指在额定电压下断路器所能开断的最大短路电流。它是表征断路器开断能力的一个很重要的技术参数。现代断路器的额定开断电流系列主要有 12.5 kA、16 kA、25 kA、31.5 kA、40 kA、50 kA、63 kA 等。当断路器的工作电压低于额定电压时，开断电流允许大于额定开断电流，但不能超过极限开断电流。

4. 额定开断容量 $S_{N.oc}$

额定开断容量 $S_{N.oc}$ 是指断路器额定电压和额定开断电流的乘积，即

$$S_{N.oc} = \sqrt{3} U_N I_{N.oc} \tag{2-1}$$

如果断路器的实际运行电压 U 低于额定电压 U_N，而额定开断电流不变，则此时的开断容量应修正为

$$S_{oc} = S_{N,oc} \frac{U}{U_N} \tag{2-2}$$

5. 热稳定电流 I_{ts}

热稳定电流 I_{ts} 是指断路器在某规定时间内允许通过的最大电流，它表明断路器承受短路电流热效应的能力，用电流有效值表示。产品目录上常列出断路器的 1 s、2 s、4 s 或 5 s 的热稳定电流。通常，断路器的热稳定电流等于额定开断电流，即

$$I_{ts} = I_{N.oc} \tag{2-3}$$

6. 动稳定电流 i_{max}

动稳定电流 i_{max} 表示断路器承受短路电流力效应的能力，用电流峰值表示，又称为断路器的极限通过电流。该值的大小由导电及绝缘等部分的机械强度所决定。

7. 分闸时间

分闸时间是指断路器从得到分闸命令（跳闸线圈通电）起，到三相电弧完全熄灭为止的一段时间，包括断路器的固有分闸时间和燃弧时间两部分。

固有分闸时间是指断路器从得到分闸命令起，到主触头刚分离的一段时间，它主要取决于断路器及其所配操动机构的机械特性；燃弧时间是指从主触头分离到三相电弧完全熄灭的一段时间。

断路器的分闸时间越短，越有利于系统的稳定、可靠运行。

8. 合闸时间

合闸时间是指断路器从接到合闸命令（合闸线圈通电）起，到三相触头刚接触为止的一段时间。一般合闸时间大于分闸时间。

（三）高压断路器的操动机构

操动机构的作用是使断路器进行分闸或合闸，并使合闸后保持在合闸状态。操动机构一般由合闸机构、分闸机构和保持合闸机构三部分组成。操动机构的辅助开关还可以实现

联锁作用。

1. 电磁操动机构

电磁操动机构是早期变电所断路器普遍使用的操动机构，其结构简单，运行比较可靠。它是靠合闸线圈通入大的合闸电流，产生大的电磁力，把断路器由分闸位置推向合闸位置的，需要强大的操作电源，因而要求用户配备价格昂贵的蓄电池组。由于电磁机构结构笨重，动作时间较长，合闸线圈的工作电流一般要几十安至几百安，消耗功率比较大，易烧坏合闸线圈，故障率比较高。

2. 弹簧操动机构

弹簧操动机构是利用已储能的弹簧为动力使断路器动作的操动机构。弹簧储能通常是由电动机通过减速装置来实现的。整个操动机构大致可分为弹簧储能、维持储能、合闸与分闸四个部分。弹簧操动机构的优点是不需要大功率的直流电源，只需要一个小功率的交直流两用的储能电动机，大大减小了合闸电流；缺点是结构比较复杂，零件数量多，且要求加工精度高，电机储能时噪声大，易出故障。它是利用储能电机的旋转，通过齿轮传动，把储能弹簧拉长储能的。当合闸时，合闸线圈通电吸合，打开锁扣装置，用弹簧的拉力带动操动机构合上断路器。作为储能元件的弹簧有压缩弹簧、盘簧、卷簧和扭簧等。

弹簧操动机构的操作电源可为交流，也可为直流，对电源容量要求低，因而在中压供电系统中应用广泛。

3. 永磁机构

永磁机构是一种用于中压真空断路器的永磁保持、电子控制的电磁操动机构。它通过将电磁铁与永久磁铁的特殊结合，来实现传统断路器操动机构的全部功能。它将永久磁铁应用于操动机构中，使真空断路器分合闸位置的保持由永久磁铁实现，取代了传统的锁扣装置。它的活动部件少，合分闸电流小，对操作电源的要求进一步降低，而且其噪声也低。永磁机构具有永久磁铁和分闸合闸控制线圈，当合闸控制线圈通电后，它使动铁芯向下运动，并由永久磁铁将其保持在合闸位置；当分闸控制线圈通电后，动铁芯向反方向运动，同样由永久磁铁将其保持在另一个工作位置即分闸位置上，即该机构在控制线圈不通电流时其动铁芯有两个稳定工作状态——合闸与分闸状态。电气控制回路利用储能电容器储满电后，合闸瞬间对合闸线圈放电，真空灭弧室靠永久磁铁产生的力使其保持在合闸与分闸位置上，取代了传统的机械锁扣方式，机械结构大为简化，活动部件大大减少。弹簧储能机构有大量的机械零件，永磁机构与其相比则结构非常简单。

永磁机构需直流操作电源，但由于其所需操作功率很小，因而对电源容量要求不高。

三、高压隔离开关

隔离开关（俗称刀闸）没有灭弧装置，它既不能断开正常负荷电流，更不能断开短路电流，否则即发生“带负荷拉刀闸”的严重事故。此时产生的电弧不能熄灭，甚至造成飞弧（相间或相对地经电弧短路），会损坏设备并严重危及人身安全。

在电力系统中，隔离开关的作用如下：

（一）隔离电压

隔离开关断开后，在电路中可以造成一个明显可见的断开点，建立可靠的绝缘间隙，保证检修人员及设备的安全。

（二）倒闸操作

高压隔离开关常与断路器配合使用，由断路器完成带负荷线路的接通和断开任务。合闸送电时，应先合上隔离开关，再合上断路器；跳闸断电时，应先断开断路器，再断开隔离开关。上述操作顺序绝对不允许颠倒，否则将发生严重事故。

（三）分、合小电流

隔离开关可以接通或断开电流较小的回路，如电压互感器、避雷器、空载母线、励磁电流不超过 2 A 的空载变压器、电容电流不超过 5 A 的空载线路等。

隔离开关的技术数据有额定电压、额定电流、动稳定电流和热稳定电流（及相应时间）。隔离开关没有灭弧装量，故没有开断电流数据。

隔离开关的种类很多，按安装地点可分为户内式和户外式两种；按极数可分为单极和三极两种；按支持绝缘子数目可分为单柱式、双柱式和三柱式；按闸刀运动方向可分为水平旋转式、垂直旋转式、摆动式和插入式等。另外，为了检修设备时便于接地，35 kV 及以上电压等级的户外式隔离开关还可根据要求配置接地刀闸。

四、高压负荷开关

高压负荷开关有简单的灭弧装置，其灭弧能力比高压断路器差，所以高压负荷开关可以接通或者断开正常的负荷电流，但不能切断短路电流。负荷开关断开后，与隔离开关一样，可在电路中造成一明显可见的断开点，因此它也具有隔离电压、保证安全检修的功能。

负荷开关的种类很多，按安装地点的不同，可分为户内式和户外式两种；按结构的不同，可分为产气式负荷开关、SF_6负荷开关、真空负荷开关；按操作方式的不同，可分为手动操作负荷开关和电动操作负荷开关。目前较为流行的是真空负荷开关，主要用于配电网中的环网开关柜中。在多数情况下，高压负荷开关应与高压熔断器配合使用。高压负荷开关用于开断正常负荷电流之用，而熔断器用于在电路中出现过负或短路故障时切断故障电流之用。

第三节　高压熔断器与互感器

一、高压熔断器

熔断器是一种在电路电流超过规定值并经过一定时间后，使其熔体熔化而分断电流、断开电路的一种保护电器。熔断器的功能主要是对电路及电路设备进行短路保护，有的熔断器还具有过负荷保护的功能。

电力系统中，室内广泛使用 RN1 和 RN2 型等高压管式熔断器，室外则广泛使用 RW4-10 和 RW10-10（F）型等高压跌开式熔断器和 RW35 型等高压限流熔断器。

（一）高压管式熔断器

RN1 型和 RN2 型熔断器的结构基本相同，都是瓷质熔管内充石英砂填料的密闭管式熔断器。

RN1 型主要用作高压电路和设备的短路保护，并能起过负荷保护的作用，其熔体要通过主电路的大电流，因此其结构尺寸较大，额定电流可达 100 A。而 RN2 型只用作高压电压互感器一次侧的短路保护。由于电压互感器二次侧全部连接阻抗很大的电压线圈，致使它接近空载工作，其一次侧电流很小，因此 RN2 型的结构尺寸较小，其熔体额定电流一般为 0.5 A。

RN1 和 RN2 型熔断器熔管的内部结构：熔断器的工作熔体（铜熔丝）上焊有小锡球，锡是低熔点金属，过负荷时锡球受热首先熔化，包围铜熔丝，铜、锡分子相互渗透而形成熔点较铜的熔点低的铜锡合金，使铜熔丝能在较低的温度下熔断，这就是所谓的“冶金效应”。它使熔断器能在不太大的过负荷电流和较小的短路电流下动作，从而提高了保护灵敏度。该熔断器采用多根熔丝并联，熔断时能产生多根并行的电弧，利用粗弧分细灭弧法加速电弧的熄灭。而且该熔断器熔管内充填有石英砂，熔丝熔断时产生的电弧完全在石英砂内燃烧，所以其灭弧能力很强，在短路后不到半个周期即短路电流未达冲击值之前即能完全熄灭电弧，切断短路电流，从而使熔断器本身及其所保护的电气设备不必考虑短路冲击电流的影响，因此这种熔断器属于“限流”熔断器。

（二）高压跌开式熔断器

跌开式熔断器又称跌落式熔断器，广泛应用于环境正常的户外场所。其功能是，既可作为6~10 kV线路和设备的短路保护，又可在一定条件下直接用高压绝缘钩棒（俗称令克棒）来操作熔管的分合，起高压隔离开关的作用。一般的跌开式熔断器如RW4-10（G）型等，只能无负荷操作，或通断小容量的空载变压器和空载线路等，其操作要求与前面介绍的高压隔离开关相同。而负荷型跌开式熔断器如RW10-10（F）型，则能带负荷操作，其操作要求与后面将要介绍的高压负荷开关相同。这种跌开式熔断器串接在线路上，正常运行时，其熔管上端的动触头借熔丝张力拉紧后，利用绝缘钩棒将此动触头推入上静触头内紧锁，同时下动触头与上静触头也相互压紧，从而使电路接通。当线路上发生短路时，短路电流使熔丝熔断，形成电弧。熔管（消弧管）内壁由于受到高温作用而分解出大量气体，使管内压力剧增，并沿管道形成强烈的气流纵向吹弧，使电弧迅速熄灭。熔管的上动触头因熔丝熔断后失去张力而下翻，使锁紧机构释放熔管，在触头弹力及熔管自重的作用下，回转跌开，造成明显可见的断开间隙。

RW10-10（F）型跌开式熔断器与一般跌开式熔断器相比，它在上静触头上面加装一个简单的灭弧室，因而能够带负荷操作。这种负荷型跌开式熔断器既能实现短路保护，又能带负荷操作，且能起隔离开关的作用，因此有推广应用的趋向。

跌开式熔断器依靠电弧燃烧使产气消弧管分解产生的气体来熄灭电弧，即使是负荷型跌开式熔断器加装有简单的灭弧室，其灭弧能力也不强，灭弧速度也不快，不能在短路电流达到冲击值之前熄灭电弧，因此它属于“非限流”熔断器。

二、互感器

互感器既是电力系统中一次系统与二次系统间的联络元件，也是隔离元件。它们将一次系统的高电压、大电流，转变为低电压、小电流，供测量、监视、控制及继电保护使用。互感器的具体作用是：①将一次系统各级电压均变成100 v（或对地100v/71V）以下的低电压，将一次系统各回路电流均变成5 A（或1 A、0.5 A）以下的小电流，以便测量仪表及继电器的小型化、系列化、标准化。②将一次系统与二次系统在电气方面隔离，同时互感二次侧必须有一点可靠接地，从而保证了二次设备及人员的安全。

（一）电流互感器

1. 电流互感器结构特点

一次绕组匝数很少，有的电流互感器（例如母线式）本身没有一次绕组，利用穿过其铁芯的一次电路（如母线）作为一次绕组（相当于匝数为1），而且一次绕组导体相当粗。工作时，一次绕组串接在被测的一次电路中，一次绕组呈现匝数少、低阻抗的特点，使得电流互感器的串入不影响一次电流或者影响很小。

二次绕组匝数较多，导体较细，阻抗大。工作时，二次绕组与仪表、继电器等的电流线圈串联，形成一个闭合回路。由于串联的仪表以及继电器的电流线圈阻抗很小，因此电流互感器工作时其二次回路接近于短路状态。二次绕组的额定电流一般为5A。

电流互感器的一次电流 I_1 与其二次电流 I_2 之间有下列关系：

$$K_i = \frac{I_{1n}}{I_{2n}} \approx \frac{I_1}{I_2} \approx K_n = \frac{N_2}{N_1} \tag{2-4}$$

式中，N_1、N_2 为电流互感器一、二次绕组匝数；K_i 为电流互感器的电流比，一般为其一、二次的额定电流之比。

2. 电流互感器的主要参数

（1）额定电压

指一次绕组主绝缘能长期承受的工作电压等级。

（2）额定电流

电流互感器的额定一次电流有5A、10A、15A、20A、30A、40A、50A、75A、100A、150A、200A、300A、400A、500A、750A、1 000A，1 500A和2 000A等多个等级；二次额定电流一般为5A。

（3）准确度等级

指电流互感器在额定运行条件下变流误差的百分数，分为0.2、0.5、1、3和10五个等级。

电流互感器除电流误差外，二次电流与一次电流之间还存在相位差，称为角误差。

电流互感器的误差与通过的电流和所接的负载大小有关。当通过的电流小于额定值或电阻值大于规定值时，误差都会增加。因此，电流互感器的准确度等级，应根据要求合理选择：通常0.2级用于实验室精密测量；0.5级用于计费电度测量；而内部核算和工程估算用电度表及一般工程测量，可用1级电流互感器；继电保护用电流互感器采用1级或3级，差动保护则用准确度为B级铁芯的电流互感器。

3. 电流互感器的类型和型号

电流互感器的类型很多，按安装地点可分为户内式和户外式；按安装方式可分为穿墙式、支持式和套管式；按绝缘介质可分为干式、浇注式和油浸式；按一次绕组的匝数可分为单匝式和多匝式；按用途可分为测量用和保护用。

4. 电流互感器的选择和校验

电流互感器应按装设地点的条件及额定电压、一次电流、二次电流（一般为5A）和准确度等级等条件进行选择，并校验其短路时的动稳定度和热稳定度。

必须注意，电流互感器的准确度等级与二次负荷容量有关。互感器二次负荷 S_2 不得大于其准确度等级所限定的额定二次负荷 S_{2N}，即互感器满足准确度等级要求的条件为

$$S_{2N} \geqslant S_2 \tag{2-5}$$

电流互感器的二次负荷 S_2 由二次回路的阻抗 $|Z_2|$ 来决定，而 $|Z_2|$ 应包括二次回路中所有串联的仪表、继电器电流线圈的阻抗 $\sum |Z_i|$、连接导线的阻抗 $|Z_{WL}|$ 和所有接头的接触电阻 R_{XC} 等。由于 $\sum |Z_i|$ 和 $|Z_{WL}|$ 中的感抗远比其电阻小，因此可认为

$$|Z_2| \approx \sum |Z_i| + |Z_{WL}| + R_{XC} \tag{2-6}$$

式中，$|Z_i|$ 可由仪表、继电器的产品样本查得；$|Z_{WL}| \approx R_{WL} = l/(\gamma A)$，这里 γ 是导线的电导率，铜线 $\gamma = 53\text{m}/(\Omega \cdot \text{mm}^2)$，铝线 $\gamma = 32\text{m}/(\Omega \cdot \text{mm}^2)$，$A$ 是导线截面积（mm^2），l 是对应于连接导线的计算长度（m）。假设从互感器至仪表、继电器的单向长度为 l_1，则互感器为 Y 型联结时，$l = l_1$；为 V 型联结时，$l = \sqrt{3} l_1$；为一相式联结时，$l = 2l_1$。式中 R_{XC} 很难准确测定，而且是可变的，一般近似地取为 0.1Ω。

电流互感器的二次负荷 S_2 按下式计算

$$S_2 = I_{2N}^2 |Z_2| \approx I_{2N}^2 \left(\sum |Z_i| + R_{WL} + R_{XC} \right) \tag{2-7}$$

或

$$S_2 \approx \sum S_i + I_{2N}^2 (R_{WL} + R_{XC}) \tag{2-8}$$

假设电流互感器不满足式（2-7）的要求，则应改选较大电流比或较大容量 S_{2N} 的互感器，或者加大二次接线的截面。电流互感器二次接线一般采用铜芯线，截面不小于 2.5 mm^2。

对电流互感器而言，通常给出动稳定倍数 $K_{es} = i_{max}/(\sqrt{2} I_{1N})$，因此其动稳定度校验条件为

$$K_{es} \times \sqrt{2} I_{1N} \geqslant i_{sh}^{(3)} \tag{2-9}$$

热稳定倍数 $K_1 = I_t / I_{1N}$，因此其热稳定度校验条件为

$$(K_t I_{1N})^2 t \geqslant I_{\infty}^{(3)2} t_{ima} \tag{2-10}$$

一般电流互感器的热稳定试验时间 $t = 1\text{s}$，因此热稳定度校验条件改为

$$K_1 I_{1N} \geqslant I_{\infty}^{(3)} \sqrt{t_{ima}} \tag{2-11}$$

5. 电流互感器使用注意事项

（1）电流互感器的二次绕组在工作时决不允许开路

这是因为，由电流互感器磁通势平衡方程式可知，铁芯励磁安匝 $I_0N_1 = I_1N_1 + I_2N_2$ 在正常工作情况下并不大，一旦二次绕组开路，$Z_2 = \infty$，$I_2 = 0$，则 $I_0N_1 = I_1N_1$，一次绕组电流 I_1 仍为负载电流，一次安匝 N_1 将全部用于励磁，它比正常运行的励磁安匝大许多倍，此时铁芯将处于高度饱和状态。铁芯的饱和，一方面导致铁芯损耗加剧、过热而损坏互感器绝缘；另一方面导致磁通波形畸变为平顶波。由于二次绕组感应的电动势与磁通的变化率 $d\Phi/dt$ 成正比，因此在磁通过零时，将感应出很高的尖顶波电动势，其峰值可达几千伏甚至上万伏，这将危及工作人员、二次回路及设备的安全。此外，铁芯中的剩磁还会影响互感器的准确度。因此，为防止电流互感器在运行和试验中开路，规定电流互感器二次侧不准装设熔断器，如须拆除二次设备时，必须先用导线或短路压板将二次回路短接。

（2）电流互感器的二次绕组及外壳均应可靠接地

这是为了防止电流互感器的一次、二次绕组绝缘击穿时，一次侧的高电压窜入二次侧，危及人身和设备的安全。

（3）电流互感器在连接时，一定要注意其端子的极性

按规定，电流互感器的一次绕组端子标以 L_1、L_2，二次绕组端子标以 K_1、K_2。L_1 与 K_1 互为“同名端”，L_2 与 K_2 也互为“同名端”。在安装和使用电流互感器时，一定要注意极性，否则二次侧所接仪表、继电器中流过的电流就不是预想的电流，影响正确测量，甚至引起事故。

（二）电压互感器

1. 电压互感器结构特点

一次绕组并联于线路上，其匝数较多，阻抗较大，对于被测电路没有影响，或者影响非常小。

二次绕组匝数较少，阻抗小，但所并联接入的测量仪表和继电器的电压线圈具有较大的阻抗，因而电压互感器在正常情况下接近于空载状态运行。二次侧额定电压一般为 100 V。

2. 电压互感器的主要参数

（1）额定电压

指一次绕组主绝缘能长期承受的工作电压等级。电压互感器的一次额定电压等级与所接线路的额定电压等级相同，二次额定电压一般为 100 V。

（2）准确度等级

指在规定的一次电压和二次负荷变化范围内，负荷功率因数为额定值时，变压误差的最大值，分为0.2、0.5、1和3四个等级。电压互感器也存在电压误差和角误差。

准确度为0.2级的电压互感器用于实验室的精密测量；0.5级用于变压器、线路和厂用电线路以及所有计费用的电度表接线中；1级用于盘式指示仪表或只用来估算电能的电度表；3级用于继电保护回路中。

（3）额定容量

指在额定一次电压和二次负荷功率因数下，电压互感器在其最高准确度等级工作所允许通过的最大二次负荷容量。

3. 电压互感器的类型

电压互感器按安装地点可分为户内式和户外式。按相数可分为单相式、三相三芯柱和三相五芯柱式。按绕组数可分为双绕组和三绕组。按绝缘可分为干式、浇注式和油浸式等。干式电压互感器的铁芯和绕组直接放在空气中，这种电压互感器结构简单、质量小、无燃烧和爆炸危险，但绝缘强度较低，只适用于电压为3kV及以下的户内配电装置；浇注绝缘式电压互感器采用环氧树脂浇注绝缘，具有体积小、性能好等优点，适用于电压为3~35kV的户内配电装置；油浸式电压互感器常用于电压为35 kV及以上的户外配电装置。

4. 电压互感器使用注意事项

电压互感器在运行时，二次侧不能短路。电压互感器二次绕组本身的匝数较少、阻抗小，运行中一旦二次侧发生短路，剧增的短路电流将使绕组严重过热而烧毁。因此，电压互感器的二次侧要装设熔断器。

电压互感器二次绕组的一端及外壳均应可靠接地。这是为了防止电压互感器的一、二次绕组绝缘击穿时，一次侧的高电压窜入二次侧，危及人身和设备的安全。

电压互感器在连接时，应注意一、二次绕组接线端子的极性。按规定，单相电压互感器的一次绕组端子标以A、N，二次绕组端子标以a、n。A与a及N与n互为“同名端”。三相电压互感器，按照相序，一次绕组端子分别标以A、B、C、N，二次绕组端子则对应地标以a、b、c、n。这里A与a、B与b、C与c及N与n分别为“同名端”，其中N与n分别为一、二次三相绕组的中性点。在安装和使用电压互感器时，一定要注意极性，否则可能引起事故。

电压互感器的套管应清洁，没有碎裂或闪络痕迹，内部无异常声响。油浸式电压互感器的油位指示应正常，没有渗漏油现象。

三、新型高压互感器

随着超高压输电的发展，传统互感器的结构变得更加复杂，体积愈显庞大，其成本也相应地增加，尤其在测量时的暂态响应速度较慢，测量直流分量和高频分量时误差加大，从而推动了新型互感器的发展。

目前，新型互感器主要有电子式互感器和电光式互感器两大类。

电子式互感器的传感原理是：利用变压器原理，阻、容分压原理或霍尔效应原理，将一次侧电压、电流量转变为低电压信号量，再经过电子放大后，经光电隔离，依靠光缆将光信号传递到控制室，最后经光隔还原为原信号。这种互感器与传统互感器的主要区别是不传递功率量而只传递信号量，而且依靠光缆作为高、低压之间的隔离与绝缘。

电光式电流互感器的原理是：利用石英晶体材料的磁光效应或光电效应，即光束通过磁场作用下的晶体材料时产生旋转，通过测量光线旋转角来测量电流，将一次电流量转换为激光或光波，经过光缆通道传递到低压侧，经光隔转变为电信号后再经放大供仪表和继电器使用。电光式电压互感器是利用材料的泡克尔斯效应，即石英晶体材料在电场作用下出现双折射作用，两种折射率之差 AA 与导体电场强度 E 成正比，通过 1/4 波长板和检光板测量折射率即可测量电场强度 E，从而实现对地电压的测量。

电光式电压、电流互感器由于采用电光变换和光缆传递信号，互感器造价降低、外形尺寸减小、频率响应速度得到改善，因而成为互感器的发展方向。目前，这种互感器已用在 220 kV 及以下电压等级的变电所中。

第四节 电气主接线

一、主接线的基本形式

主接线代表了发电厂和变电所电气部分的主体结构，是电力系统网络结构的重要组成部分，对各种电气设备的选择、配电装置的布置、继电保护和控制方式的拟定等都有决定性的影响，并将长期地影响电力系统运行的可靠性、灵活性和经济性。因此，主接线应满足以下基本要求：①安全：保证在进行任何切换操作时人身和设备的安全。②可靠：应满足各级电力负荷对供电可靠性的要求。③灵活：应能适应各种运行方式的操作和检修、维护需要。④经济：在满足以上要求的前提下，主接线应力求简单，尽可能减少建设投资和年运行费用。

主接线的基本形式就是主要电气设备常用的几种连接方式，它以电源和出线为主体，可分为有汇流母线的接线形式和无汇流母线的接线形式。由于各个发电厂或变电所的出线回路数和电源数不同，且每条馈线所传输的功率也不同，在大多数情况下引出线数目要比电源数目多好几倍，故在二者之间采用母线作为中间环节，母线起着汇总电能和分配电能的作用，可使接线简单明显和运行方便，整个装置也易于扩建，但是当母线故障时将使供电中断。与有母线的接线相比，没有汇流母线的接线使用电气设备较少，配电装置占地面积较小，通常适用于进出线回数少、不再扩建和发展的发电厂或变电所。有母线接线形式可概括地分为单母线接线和双母线接线；无母线接线形式主要有桥形接线、角形接线和单元接线。

（一）有母线接线

1. 单母线接线

发电厂和变电所的主接线的基本环节是电源（发电机或变压器）、母线和出线（馈线）。母线（又称汇流排）是中间环节，它起着汇总和分配电能的作用。只有一组母线的接线称为单母线接线。这种接线的特点是电源和供电线路都连接在同一组母线上。为了便于投入或者切除任何一条进、出线，在每条引线上都装有可以在各种运行工况下开断或者接通电路的断路器。当须要检修断路器而又要保证其他线路正常供电时，应使被检修的断路器和电源隔离。为此，又在每个断路器的两侧装设隔离开关（QSL 和 QSW），其作用只是保证检修断路器时和其他带电部分隔离，但绝不能用它来切除线路中的电流。如果不设置隔离开关，在检修断路器时必须使母线完全停电。

单母线的主要优点是简单、清晰、采用设备少、操作方便、投资少、便于扩建。其主要缺点是当母线及母线隔离开关故障或检修时，将造成整个配电装置停电；当检修某一回路的断路器时，该回路要停电。故该接线的供电可靠性和灵活性均较差，只适用于容量小和用户对供电可靠性要求不高的场所。

2. 单母线分段接线

单母线的缺点可以通过分段的方法来克服。当在母线的中间装设一个断路器 QF 后，即把母线分成两段，这种主接线称为单母线分段接线。这种接线对于重要用户可以由分别接在两段母线上的两条线路供电，任一段母线故障时，都不至于使重要用户全部停电。两段母线同时故障的概率甚小，可以不予考虑。在可靠性要求不高时，亦可用隔离开关分段，当任一段母线故障时，将造成两段母线同时停电，在判别故障后，拉开分段隔离开关 QS，完好段即可恢复供电。

由于单母线分段接线既保留了单母线接线本身的简单、经济、方便等基本优点，又在一定程度上克服了单母线接线的缺点，故这种接线一直被广泛采用。特别是对于中小型发电厂以及出线数目较少的35~110 kV级的变电所，这种接线方式采用得较多。

但是单母线分段接线也有比较显著的缺点，即当任一段母线或任一母线隔离开关发生故障或检修时，该母线所连接的全部引线都要在检修期间停电。

3. 单母线带旁路母线接线

为了解决单母线分段接线出线断路器检修时的停电问题，可采用单母线带旁路母线接线。正常运行时，旁路母线不带电，所有旁路隔离开关和旁路断路器均断开，以单母线方式运行。当检修某一出线断路器时，可由旁路断路器QF2代替出线断路器工作，继续给用户供电。这种接线的缺点是须增加一组母线、专用的旁路断路器和旁路隔离开关等设备，这使配电装置复杂，投资增大，且隔离开关要用来操作，增加了误操作的可能性。一般在110 kV及以上的高压配电装置中才设置旁路母线。

4. 双母线接线

双母线接线是针对单母线分段接线的缺点而提出的。双母线接线的每一回路都通过一台断路器和两组隔离开关与两组母线相连，其中一组隔离开关闭合，另一组隔离开关断开，两组母线之间通过母线联络断路器（简称母联）QF连接起来。

双母线有两种运行方式：

（1）只有一组母线工作

两组母线分为工作母线和备用母线，正常运行时母联打开（两侧的隔离开关闭合），全部线路接在工作母线上面，相当于单母线运行。当工作母线发生故障时，将引起全部用户的暂时停电，经过倒闸操作，将备用母线投入工作，很快恢复对全部用户的供电。它和分段的单母线相比，故障停电的范围反而扩大，但供电的连续性却大大提高。

（2）两组母线同时工作，互为备用

正常运行时母联闭合，相当于单母线分段接线。当任一组母线发生故障时，只有接在该组母线上的用户停电，经过倒闸操作，将与该组母线相连的所有回路切换到另一组母线上去，仍可继续正常工作。它和单母线分段接线相比，故障停电范围相同，但是供电的连续性却大大提高。

双母线接线的最重要操作是切换母线。

双母线接线具有以下优点：轮换检修母线而不致中断供电；检修任一回路的母线隔离开关时仅使该回路停电；工作母线发生故障时，经倒闸操作这段短时停电时间后可迅速恢复供电；检修任一回路断路器时，可用母联断路器来代替，不至于使该回路的供电长期中断。

但双母线接线也存在以下缺点：使用的隔离开关数目多，配电装置结构复杂，占地面积较大，投资较高；在倒闸操作中隔离开关作为操作电器使用，易误操作；工作母线发生故障时会引起整个配电装置短时停电。

双母线接线多用于电源和引出线较多的大中型发电厂和电压为 220 kV 及以上的区域变电所，它的供电可靠性和灵活性均较高，尤其是采用母线分段和增加旁路母线后，其优越性更明显。

双母线接线具有供电可靠、调度灵活，又便于扩建等优点，在大、中型发电厂和变电所中广为采用，并已积累了丰富的运行经验。但这种接线使用设备多（特别是隔离开关），配电装置复杂，投资较多；在运行中隔离开关作为操作电器，容易发生误操作；尤其当母线出现故障时，须短时切换较多的电源和负荷；当检修出现断路器时，仍然会使该回路停电。为此，必要时须采用母线分段和增设旁路母线系统等措施。

当进出线回路数或母线上的电源较多，输送和通过功率较大时，在 6~10 kV 配电装置中，短路电流较大，为了选择轻型设备和选择较少截面的导体，限制短路电流，提高接线的可靠性，常采用双母线三分段，并在分段处Ⅱ处加装母线限流电抗器。这种接线具有很高的可靠性和灵活性，但增加了母联断路器和分段断路器的数量，配电装置投资较大，35 kV 以上很少采用。

若加装旁路母线，则可避免检修断路器时造成短路停电。在检修任一进出线断路器时，都可以经由旁路断路器及相应线路上的旁路刀闸，而不必中断该回路的连续供电。但它增加了投资和配电装置的占地面积，且旁路断路器的继电保护为适应各回出线的要求，其整定较复杂。

5. 一台半断路器接线

每两个元件（出线、电源）用三台断路器构成一串接至两组母线，称为一台半断路器接线，又称 3/2 接线。在一串中，两个元件（进线、出线）各自经一台断路器接至不同的母线，两回路之间的母线称为联络断路器。

正常工作时，两组母线同时带电运行，任一母线故障或检修均不会造成停电，其中隔离开关不作为操作电器，仅在检修时使用，甚至在两组母线同时故障（或一组正检修时另一组又故障）这种极端的情况下功率得以继续输出。一台半断路器接线的不足之处是：相对于双母线接线方式，所需要的断路器数目多，同时一个回路故障也要断开两个断路器。此外，这种接线方式的继电保护也较其他接线方式更复杂。再者，为了便于布置，这种接线方式要求电源数目和出线数目最好相等。当出线数目较多时，对某些只有引出线的回路，在配电装置布置时要求引出线向不同的方向引出。尽管有这些缺点，但运行经验表明，其运行可靠性高、灵活性大的优点是非常突出的。

目前，一台半断路器接线已在世界上许多国家的超高压电力网中得到了广泛的应用。迄今，我国已有的 330~750 kV 的超高压变电所，绝大多数采用的是这种接线方式。

（二）无母线接线

1. 单元及扩大单元接线

单元接线的特点是几个元件直接串联，其间没有任何横的联系（如母线等），这样不仅减少了电器的数目，简化了配电装置的结构，降低了造价，而且降低了故障率。单元接线主要有以下两种基本类型：

（1）发电机-变压器单元接线

发电机出口不装断路器，为了调试发电机方便，可装隔离开关。对 200 MW 以上的机组，发电机出口采用分相封闭母线，为了减少开断点，亦可不装断路器，但应留有可拆点，以利于机组调试。这种单元接线避免了由于额定电流或短路电流过大，而使选择出口断路器时由于制造条件或价格甚高等造成的困难。

这种接线的主要缺点是当元件之一损坏或检修时，整个单元将被迫停止工作。这种接线主要适用于发电机电压负荷没有或很少的大型发电厂。

（2）扩大单元接线

当发电机单机容量不大，且在系统备用容量允许时，为了减少变压器台数和高压侧断路器数目，并节省配电装置占地面积，将两台发电机与一台变压器相连接，组成扩大单元接线。通常，单机容量仅为系统容量的 1%～2%或更小，而电厂的升高电压等级又较高时，如 50 MW 机组接入 220 kV 系统、100 MW 机组接入 330 kV 系统、200 MW 机组接入 500 kV 系统，可采用扩大单元接线。

这种接线的缺点是运行灵活性较差，例如当检修主变压器时将迫使两台发电机组停止运转；另外，当一台机组运转时，变压器处于轻负荷下运行，从而使效率降低、损耗增大，同时也降低了经济性。

线路-变压器组单元接线可靠性不高，只可供三级负荷。采用环网电源供电时，可靠性相应提高，可供少量二级负荷。

当有两组电源进线和两台主变压器时，可采用双回线路-变压器组单元接线，再配以变压器二次侧的单母线分段接线，可使可靠性大大提高。正常运行时，两路电源及主变压器同时工作，变压器二次侧母联断路器 QF3 断开运行。一旦任一主变压器或任一电源进线故障或检修，主变压器两侧的断路器就会在继电保护装置的作用下自动断开，母联断路器 QF3 自动投入，即可恢复整个变电所的供电。双回线路-变压器组单元接线可供一、二级负荷使用。

双回线路-变压器组单元接线的缺点是若某回电源线路或变压器任一元件发生故障，则该回路中另一元件也不能投入工作，即在故障情况下设备得不到充分利用。采用桥形接线可以弥补这一缺陷。

2. 桥形接线

当变电所具有两台变压器和两条线路时，在线路-变压器单元接线的基础上，在其中间跨接——连接“桥”，便构成桥形接线。按照跨接桥的位置，可分为内桥和外桥两种接线。

（1）内桥接线

跨接桥靠近变压器侧，桥断路器在线路断路器之内，变压器回路仅装隔离开关，不装断路器。内桥接线对电源进线的操作非常方便。内桥接线适用于电源进线线路较长而变压器不须要经常切换的场所。

（2）外桥接线

跨接桥靠近线路侧，桥断路器在线路断路器之外，线路回路仅装隔离开关，不装断路器。外桥接线对变压器回路的操作非常方便，但对电源进线回路的操作不方便。外桥接线适用于电源进线较短而变压器须要经常切换的场所。

总体来说，桥形接线的可靠性不是很高，有时也须要用隔离开关作为操作电器，但由于使用电器少、布置简单、造价低，目前在35~110 kV的配电装置中仍有采用。此外，只要在配电装置上采取适当措施，这种接线方式就有可能发展成单母线或双母线接线形式，因此可用作工程初期的一种过渡接线。

3. 多角形接线

多角形接线的断路器数等于电源回路和出线回路的总数，断路器接成环形电路、电源回路和出线回路都接在两台断路器之间。多角形接线的角数等于回路数，也等于断路器数。

多角形接线的优点：所用的断路器数目比单母线分段接线或双母线接线还少一台，但具有双母线接线的可靠性，任一台断路器检修时，只须断开其两侧的隔离开关，不会引起任何回路停电；没有母线，因而不会存在因母线故障所产生的影响；任一回路故障时，只断开与它相连的两台断路器，不会影响其他回路的正常工作；操作方便，所有隔离开关仅用于检修时隔离电源，不做操作之用，不会发生带负荷断开隔离开关的事故。

多角形接线的缺点：检修任何一台断路器时，多角形就开环运行，如果此时出现故障，又有断路器自动跳开，将使供电紊乱；由于运行方式变化大，电气设备可能在闭环和开环两种情况下工作，其中流过的工作电流差别较大，会给电气设备的选择带来困难，并且使继电保护装置复杂化；不便于扩建。

根据多角形接线的特点，该接线不适于回路数较多的情况，一般最多用到六角形，以四角形和三角形为宜，以减少开环运行所带来的不利影响。这种接线的电源回路应配置在多角形的对角上，使所选电气设备的额定电流不致过大。多角形接线一般用于回路数较少且发展已定型的110 kV及以上的配电装置中，中、小型水力发电厂也有应用。

二、二次接线概述

（一）二次接线的基本概念

变电所的电气设备，通常可以分为一次设备和二次设备两大类。一次设备，也称主设备，构成电力系统的主体，是直接生产、输送、分配电能的电气设备，包括发电机、变压器、断路器、隔离开关、母线和输电线路等。二次设备是对一次设备进行监测、控制、调节和保护的电气设备，包括计量和测量表计、控制及信号、继电保护装置、自动装置和远动装置等。

一次回路（也称一次接线）指一次设备及其相互连接的回路（又称主回路或主系统或主电路）。二次回路（也称二次接线）指二次设备及其相互连接的回路，其任务是通过二次设备对一次设备的监察测量来反映一次回路的工作状态，并控制一次回路，保证其安全、可靠、经济、合理地运行。二次回路是发电厂和变电站中不可缺少的重要组成部分，是电力系统安全生产、经济运行、可靠供电的重要保障。

二次回路按功能可分为断路器控制回路、信号回路、保护回路、监视和测量回路、自动装置回路和操作电源回路等；按电源性质可分为直流回路和交流回路。交流回路又分为交流电流回路和交流电压回路。交流电流回路由电流互感器供电，交流电压回路由电压互感器供电。按用途来分，则有操作电源回路、测量表计回路、断路器控制和信号回路、中央信号回路、继电保护和自动装置回路等。

（二）二次接线的原理图和安装图

为了掌握二次回路的工作原理和整套设备的安装情况，必须用国家规定的电气系统图形符号和相应的文字符号，表示出继电保护、测量仪表、控制开关、信号装置、继电器和自动装置等的互相连接、安装布置，称为二次接线图。二次接线图可分为原理接线图、展开接线图、屏面布置图和安装接线图四种。为了表示出回路的性质和用途，便于阅读和安装，规定了二次接线的标号规则，并对二次回路进行标号。

变电站的二次回路和自动装置是变电站的重要组成部分，对一次回路安全、可靠运行起着重要作用，智能变电站将是未来变电站发展的方向和智能电网的重要组成部分。因此，对其操作电源、高压断路器控制回路、中央信号回路、测量和绝缘监视回路、自动装置及二次回路安装接线图应给予重视，并熟悉和掌握。

1. 原理接线图

原理接线图是表示二次接线构成原理的基本图纸。在图上所有二次设备均以整体图形表示并和一次设备绘制在一起，使整套装置构成一个完整的整体概念，可清晰了解各设备之间的电气联系和动作原理。

（1）归总式原理接线图

它是用来表示继电保护、测量表计、控制信号和自动装置等工作原理的一种二次接线图。采用的是集中表示方法，即在原理图中，各元件是用整体的形式，与一次接线有关部分画在一起，但当元件较多时，接线相互交叉太多，不容易表示清楚，因此仅在解释继电保护动作原理时，才使用这种图形。

（2）展开式原理接线图

它是将每套装置的交流电流回路、交流电压回路和直流操作回路和信号回路分开来绘制。在展开式接线图中，同一仪表或继电器的电流线圈、电压线圈和触点常常被拆开来，分别画在不同的回路中，因而必须注意将同一元件的线圈和触点用相同的文字符号表示。另外，在展开式接线图中，每一回路的旁边附有文字说明，便于阅读。展开式接线图中，属于同一回路的线圈和接点，按电流通过的先后顺序从左到右排列成行，行与行之间也按动作的先后顺序自上而下排列；所有设备的接点位置，均按正常状态绘出，即按设备不带电又无外力作用时的位置绘出。

阅读展开接线图一般先读交流电路后读直流电路。直流电流的流通方向是从左到右，即从正电源经接点到线圈再回到负电源。元件的动作顺序是：从上到下，从左到右。

读图前，要首先了解控制电器和继电器保护简单结构及动作原理，熟练记牢各设备标准图形符号和文字符号，并要注意图中所有继电器和电气设备的辅助触点的位置状态是继电器线圈内没有电流、断路器没有动作时所处的状态。所谓动断触点，就是继电器在没通电时，其触点是闭合的。另外，要注意有的触点具有延时性能，如 DS 型时间继电器、DZS 型中间继电器，它们动作时其触点要经过一段时间才闭合或断开，这种触点的符号与一般瞬时动作的触点符号是有区别的，读图时应注意。

可见，展开式原理图的特点是条理清晰，易于阅读，能逐条地分析和检查，对复杂的二次回路，展开图的优点更显得突出。因此，在实际工作中，展开图用得最多。

2. 屏面布置图

屏面布置图是表现二次设备在屏面及屏内具体布置的图纸。它是制造厂用来作屏面布置设计、开孔及安装的依据，施工现场则用这种图纸来核对屏内设备的名称、用途及拆装维修等。

屏面布置图的设计应达到便于观察、操作，调试安全，安装、检修简易，整体美观、清晰，用屏数量较少的要求。

3. 安装接线图

安装接线图表明屏上各二次设备的内部接线及二次设备间的相互接线。

安装接线图上各二次设备的尺寸和位置，不要求按比例绘出，但都应和实际的安装位置相同。由于二次设备都安装在屏的正面，而其接线都在屏的背面，所以安装接线图是屏的背视图。

安装接线图上设备的外形都与实际形状相符。对于复杂的二次设备必须画出其内部接线；简单的设备则不必画出，但必须画出其接线柱和接线柱的编号。对背视看见的设备轮廓线用实线表示，看不见的轮廓线用虚线表示。

（三）变电所二次回路的操作电源

二次回路的操作电源是提供断路器控制回路、继电保护装置、信号回路和监测系统等二次回路所需的电源。二次回路的操作电源主要有直流操作电源和交流操作电源两类。直流操作电源有蓄电池供电和硅整流直流电源供电两种；交流操作电源有电压互感器、电流互感器供电和所用电变压器供电两种。重要用户或变压器总容量超过 5 000 kV · A 的变电所，宜选用直流操作电源；小型配电所中断路器采用弹簧储能合闸和去分流跳闸的全交流操作方式时，宜选用交流操作电源。

为了保证供电系统的安全可靠运行，操作电源应满足如下基本要求：①正常情况下，提供信号、保护、自动装置、断路器分合闸以及其他二次设备的操作控制电源。②在事故状态下，应能提供继电保护跳闸和应急照明电源，避免事故扩大。③应保证供电的可靠性，最好装设独立的直流操作电源，以免交流系统故障时，影响操作电源的正常供电。④应具有足够的容量，正常运行时，操作电源母线电压波动范围小于±5%额定值；事故运行时，操作电源母线电压不低于 90%的额定值。⑤使用寿命、维护工作量、设备投资和布置面积等应合理。

1. 直流操作电源

用户变电所的直流操作电源多采用单母线接线方式，并设有一组储能蓄电池。在交流电源正常时，整流装置通过直流母线向直流负荷供电，同时向蓄电池浮充电；当交流电源故障消失时，蓄电池通过直流母线向直流负荷供电。

整流装置的交流电源来自变电所所用变压器。变电所一般应装设两台所用变压器，但在下列情况下，可以只设一台所用变压器：①可以由本变电所外部引入一回可靠的 380 V 备用电源时；②变电所只有一回电源和一台主变压器时，可在进线断路器前装设一台所用变压器；③设有蓄电池储能电源时。

2. 交流操作电源

交流操作电源下的断路器保护跳闸采用直接动作式继电器或跳闸线圈分流的方式，依靠断路器弹簧操作机构中的过电流脱扣器直接跳闸，跳闸能量直接来自电流互感器。

交流操作电源从所用变压器、电压互感器或电流互感器来。来自所用变压器和电压互感器的交流电压型操作电源主要供给信号、控制、断路器合闸回路和断路器分励脱扣器线圈跳闸回路，而来自电流互感器的交流电流型操作电源主要供给断路器的电流脱扣器线圈跳闸回路。交流操作系统中，按各回路的功能，也设置相应的操作电源母线，如控制母线、闪光小母线、事故信号和预告信号小母线等。

由于交流操作电源取自供电系统电压，当供电系统故障时，交流操作电源电压降低或消失，因此，交流操作电源的可靠性较低。使用交流不间断电源 UPS 可以提高交流操作电源的可靠性。当系统电源正常时，由系统电源向断路器操作机构储能回路和 UPS 电源供电，并通过 UPS 向控制回路和信号回路供电；当系统发生故障时，由 UPS 电源向控制回路及信号回路供电，使断路器可靠跳闸并发出信号。

交流操作电源的优点是：接线简单，投资低廉，维修方便。缺点是：交流继电器性能没有直流继电器完善，不能构成复杂的保护。交流操作电源在小型变配电所中应用较广，在对保护要求较高的中小型变配电所，则采用直流操作电源。

3. 所用变压器及其供电系统

变电所的用电由专门的变压器提供，称为所用变压器，简称所用变。即使变电所母线或主变压器发生故障，所用变压器仍能取得电源，从而保证操作电源及其他用电的可靠性。一般的变电所设置一台所用变压器，重要的变电所应设置两台互为备用的所用变压器。所用电源不仅在正常情况下能保证操作电源的供电，而且在全所停电或所用电源发生故障时，仍能实现对电源进线断路器的操作和事故照明的用电。一台所用变压器接至电源进线处（进线断路器的外侧），另一台则应接至与本变电所无直接联系的备用电源上。在所用变低压侧应采用备用电源自动投入装置，以确保所用电的可靠性。值得注意的是，由于两台所用电变压器所接电源的相位可能不同，有时是不能并联运行的。所用变压器一般置于高压开关柜中。所用变压器的用电负荷主要有操作电源、室外照明、室内照明、事故照明和生活用电等。

第五节　低压电器

一、低压熔断器

低压熔断器的功能主要是实现低压配电系统的短路保护，有的熔断器也能实现过负荷保护。

低压熔断器的种类很多，如插入式（RC 型）、螺旋式（RL 型）、无填料密封管式（RM 型）、有填料密封管式（RT 型）以及引进技术生产的有填料高分断能力的 NT 型等。

下面主要介绍低压配电系统中常用的密闭管式（RM10）和有填料密闭管式（RTO）两种熔断器。此外，还介绍一种自复式（RZ1）熔断器。

（一）RM10 型低压密闭管式熔断器

RM10 型熔断器由纤维熔管、变截面锌熔体和触头底座等部分组成。锌熔体之所以冲制成宽窄不一的变截面，目的在于改善熔断器的保护特性。

短路时，短路电流首先使熔片窄部（阻值较大）加热熔断，使熔管内形成几段串联短弧，而且中段熔片熔断后跌落，迅速拉长电弧，从而使电弧迅速熄灭。在过负荷电流流过时，由于电流加热时间较长，熔片窄部散热较好，因此往往不在窄部熔断，而在宽窄之间的斜部熔断。根据熔片熔断的位置，即可大致判断熔断器熔断的故障电流性质。

当其熔片熔断时，纤维管的内壁将有极少部分纤维物质因电弧烧蚀而分解，产生高压气体，压迫电弧，加强离子的复合，从而改善了灭弧性能。但总的来说，这种熔断器的灭弧断流能力仍不强，不能在短路电流达到冲击值之前完全熄弧，因此这种熔断器属于非限流熔断器。

这种熔断器由于结构简单、价格低廉及更换熔片方便，因此现在仍较普遍地应用在低压配电装置中。

（二）RTO 型低压有填料密闭管式熔断器

RTO 型熔断器主要由瓷熔管、栅状铜熔体和触头底座等部分组成。其栅状铜熔体由薄钢片冲压弯制而成，具有引燃栅。由于引燃栅的等电位作用，可使熔体在短路电流流过时形成多根并列电弧。同时熔体又具有变截面小孔，可使熔体在短路电流流过时将长弧分割为多段短弧。而且所有电弧都在石英砂内燃烧，可使电弧中的正负离子强烈复合。因此，这种熔断器的灭弧断流能力很强，属于限流式熔断器。由于该熔体中段弯曲处具有“锡桥”，利用其“冶金效应”可实现对较小短路电流和过负荷的保护。熔体熔断后，有红色的熔断指示器从一端弹出，便于运行人员检查。

RTO 型熔断器由于其保护性能好和断流能力强，广泛用在低压配电装置中。但是其熔体为不可拆式，熔断后整个熔管要更换，不够经济。

（三）RZ1 型低压自复式熔断器

一般熔断器（包括上述 RM 型和 RT 型爆断器）都有一个共同的缺点，就是熔体一旦熔断后，必须更换熔体才能恢复供电，因而停电时间延长，给配电系统和用电负荷造成一定的停电损失。这里介绍的自复式熔断器弥补了这一缺点，既能切断短路电流，又能在故障消除后自动恢复供电，无须更换熔体。

我国设计生产的 RZ1 型自复式熔断器它采用金属钠作熔体。在常温下，金属钠的电阻很小，可以顺畅地通过正常负荷电流，但在短路时钠受热迅速汽化，其电阻率变得很大，从而可限制短路电流。在金属钠汽化限流的过程中，装载熔断器一端的活塞将压缩氧气而迅速后退，降低由于钠汽化产生的压力，以防熔管爆裂。在限流动作结束后，钠蒸气冷却，又恢复为固态钠；而活塞在被压缩的氩气作用下，迅速将金属钠推到原位，使之恢复正常工作状态。这就是自复式熔断器能自动切断（限制）短路电流后又能自动恢复正常工作状态的基本原理。

自复式熔断器通常与低压断路器配合使用，甚至组合为一种电器。我国生产的 DZ10-100R 型低压断路器就是 DZ10-100 型低压断路器和 RZ1-100 型自复式熔断器的组合，它利用自复式熔断器来切断短路电流，而利用低压断路器来切断电路和实现过负荷保护，从而既能有效地切断短路电流，又能减轻低压断路器的工作量，提高供电可靠性。不过该熔断器目前尚未得到推广使用。

二、低压断路器

低压断路器又称低压自动开关或空气开关，是一种性能最完善的低压开关电器。它既能带负荷通断电路，又能在过负荷和低电压（失压）下自动跳闸，其功能与高压断路器类似。

（一）低压断路器的工作原理

它由触头、灭弧装置、转动机构和脱扣器等部分组成。当线路出现短路故障时，其过流脱扣器动作，使开关跳闸。当出现过负荷时，其串联在一次线路的加热电阻丝加热，使双金属片弯曲，也使开关跳闸。当线路电压严重下降或失压时，其失压脱扣器动作，同样使开关跳闸。如果按下脱扣按钮，则可使开关远距离跳闸。

（二）低压断路器的分类和型号含义

低压断路器按电源种类分，有交流和直流两种；按结构形式分，有装置式和万能式两大类；按其灭弧介质分，有空气断路器和真空断路器等；按操作方式分，有手动操作、电磁铁操作和电动机储能操作；按保护性能分，有非选择型断路器、选择型断路器和智能型断路器。

（三）低压断路器的主要技术参数

1. 额定电流

低压断路器有三个额定电流，应分别进行选择。一是低压断路器的额定电流 I_{N1}，应大于线路的最大长期负荷电流；二是过电流脱扣器额定电流 I_{N2}，应根据保护特性的要求确定；三是热脱扣器的额定电流 I_{N3}，应根据过负荷保护的要求选择。实际上，这三个电流都流过主电路，仅仅是过电流脱扣器和热脱扣器的整定值不同。三者的关系是 $I_{N1}>I_{N2}>I_{N3}>I_{30}$，其中 I_{30} 为线路的计算电流。

2. 分断能力

分断能力是指断路器在指定的使用和工作条件下，能在规定的电压下接通和分断的最大电流值（交流电流为周期分量有效值），又称为极限分断电流或极限分断能力，单位为 kA。

（四）低压断路器的保护特性

1. 过电流保护特性

过电流保护特性是指选择型低压断路器的动作时间 t 与过电流脱扣器的动作电流 I 的关系曲线，有两段式和三段式两种保护特性。

两段式保护特性分为瞬时和长延时两段，其中瞬时特性段用于短路保护，长延时特性段为反时限特性，用于过负荷保护。三段式保护特性分为瞬时、短延时和长延时三段，其中瞬时特性段用于短路保护，短延时特性段用于短路或过负荷保护，长延时特性段用于过负荷保护。

2. 欠电压保护特性

当低压断路器主电路电压高于 $0.75U_N$ 时，应能可靠工作而不动作；当该电压小于 $0.4U_N$ 时，应能可靠动作而跳闸。欠电压脱扣器分为延时式和瞬时式两种。

（五）低压断路器的分类

1. 塑壳式低压断路器

目前常用的塑壳式低压断路器主要有 DZ20、DZ15、DZX10 系列及引进国外技术生产的 H 系列、S060 系列、3VE 系列、TO 系列和 TG 系列。

所有机构及导电部分都装在塑料壳内，在塑壳正面中央有操作手柄，手柄有三个位置，在壳面中央有分合位置指示。

（1）合闸位置，手柄位于向上位置，断路器处于合闸状态。

（2）自由脱扣位置，位于中间位置，只有断路器因故障跳闸后，手柄才会置于中间位置。

（3）分闸和再扣位置，位于向下位置，当分闸操作时，手柄被扳到分闸位置，如果断路器因故障使手柄置于中间位置时，须将手柄扳到分闸位置，断路器才能进行合闸操作。

2. 万能式低压断路器

万能式低压断路器主要有 DW15、DW18、DW40、CB11（DW48）、DW914 系列及引进国外技术生产的 ME 系列和 AH 系列。其中，DW40 和 CB11 系列采用智能脱扣器，能够实现微机保护。

万能式断路器其内部结构主要有机械操作和脱扣系统、触头及灭弧系统、过电流保护装置三大部分。万能式断路器操作方式有手柄操作、电动机操作、电磁操作等。

三、其他低压开关

（一）刀开关

刀开关是一种最简单的低压开关电源，只能手动操作，常用在不经常操作的电路中，用于接通或断开低压电路较小的正常工作电流。刀开关的种类很多，按级数分，有单极、双极和三级三种；按用途分，有单投和双投两种；按操作方式分，有直接手柄操作和连杆操作两种；按灭弧结构分，有不带灭弧罩和带灭弧罩两种。

不带灭弧罩的刀开关只能在无负荷下操作，可做低压隔离开关使用。带灭弧罩的刀开关能通断一定的负荷电流，其钢灭弧栅能使负荷电流产生的电弧熄灭。

在低压配电装置中，一般的刀开关都用连杆进行操作，因为这样既安全又省力。

（二）低压熔断器式刀开关

为简化低压配电装置的结构，在低压配电系统中出现了多种新型号的组合型开关电器，尤其是 HR 系列熔断器式刀开关（刀熔开关）的应用更为普遍，其结构特点是将 HD 型刀开关的闸刀换以具有刀形触头的 RT 型熔断器的熔管，因此刀熔开关具有刀开关和熔断器的双重功能。

（三）低压负荷开关

低压负荷开关由低压刀开关与低压熔断器串联组合而成，外装封闭式铁壳或开启式胶盖。因此，低压负荷开关具有带灭弧罩的刀开关和熔断器的双重功能，既可以带负荷操作，又能进行短路保护。常用的低压负荷开关有 HH 和 HK 两种类型。其中，HH 系列封闭式负荷开关，将刀开关与熔断器串联，安装在铁壳内构成，俗称铁壳开关；HK 系列开启式负荷开关外装瓷质胶盖，俗称胶壳开关。

第六节　高低压成套配电装置

一、高压开关柜

高压开关柜是高压系统中用来接收和分配电能的成套配电装置，主要用于3～35 kV系统中。通常一个柜就构成一个单元回路，因此一个柜也就成为一个间隔。使用时可按设计的主电路方案，选择适合各种电路间隔的开关柜组合起来，即可构成整个高压配电装置。它具有安全可靠、检修维护方便、占地面积小等特点，因此在3～35 kV系统中被广泛采用。

高压开关柜的种类很多，按开关电器的安装方式分，有固定式和手车式两种；按柜体结构分，有开启式、半封闭式和封闭式三种。

固定式开关柜是指柜体内安装的高压断路器等主要电气设备是固定的，其特点是价格低、内部空间大、运行维护方便。目前，我国大量生产和广泛使用的产品有GG-IA（F）型固定柜、KGN型铠装式固定柜和XGN型箱式固定柜等。固定式开关柜一般用于回路数不多、停电检修影响小、高压配电室建筑面积较大、初投资较少的小型工业企业。

手车式开关柜系指柜体内安装的高压断路器等主要电气设备是装在可以拉出和推入开关柜的手车上的，断路器等设备须要检修时，可随时将其手车拉出，然后推入同类备用手车，即可恢复供电。手车式开关柜近年来发展较快，型号也较多，目前我国大量生产和广泛使用的产品有JYN型间隔式手车柜、KYN型铠装式手车柜以及HXGN型环网柜。手车式开关柜价格较贵，但是由于它具有灵活性好、检修安全、供电可靠性高、安装紧凑和占地面积小等优点，因此在新建的各类型发电厂、变电站和大中型企业中得到了广泛的应用。

为了提高供电的安全性和可靠性，目前各开关厂家生产的开关柜都是具有“五防”闭锁功能的“五防型”开关柜。它具有以下五种防止误操作功能：①防止误分、误合断路器；②防止带负荷分、合隔离开关；③防止带电挂接地线；④防止带地线合闸；⑤防止误入带电间隔。

二、低压成套配电装置

低压成套配电装置是低压系统中用来接收和分配电能的成套设备，用于500 V以下的供配电系统中，做动力和照明配电之用。低压成套配电装置包括配电屏（盘、柜）和配电箱两类；按其控制层次可分为配电总盘、分盘和动力、照明配电箱。

（一）低压配电屏

低压配电屏按照其安装的方式不同，可分为固定式和抽屉式两种；按装置外壳的不同，可分为开启式和保护式两种。固定式低压配电屏的所有电器元件都固定安装，而抽屉式低压配电屏的某些电器元件按一次线路方案可灵活组合组装，按需要抽出或推入。

固定式低压配电屏简单经济，应用广泛。目前，我国应用最广的是 PGL 型和 GGD 型固定式低压配电屏。抽屉式低压配电屏结构紧凑，安装灵活方便，防护安全性好，应用也越来越多。目前，我国应用最广泛的是 GCK 型和 GCS 型抽屉式低压配电屏。

（二）低压配电箱

低压配电箱是直接向低压用电设备分配电能的控制、计量盘，在小区建筑中用量最大。按照用电设备的种类，配电箱可分为照明配电箱、动力配电箱、插座箱等；按照结构，配电箱可分为板式、箱式、台式、落地式；按照安装地点，配电箱可分为户内式和户外式。配电箱可明装在墙外或暗装镶嵌在墙体内，箱体材料有木制、塑料制和钢板制。

低压配电箱的安装应尽量接近所供电的设备或处于负荷中心，以缩短配电线路和减少电压损失。此外，配电箱的安装位置应方便维修、采光良好、干燥通风、安全美观。配电箱明装时，应在墙内适当位置预埋木桩或铁块，一般盘底距离地面的高度为 1.2 m；配电箱暗装时，应在墙面适当部位预留洞口，一般底口距离地面的高度为 1.4 m。

三、全封闭组合电器（GIS）

全封闭组合电器（GIS）是由于 SF_6气体的出现而发展的一种新型高压成套设备。它将一座变电站中除变压器以外的一次设备，包括断路器、隔离开关、接地开关、电流互感器、电压互感器、避雷器、母线、出线套管和电缆终端等元件，按变电所主接线的要求，经优化设计有机地组合成一个整体，各元件的高压带电部位均封闭于接地的金属壳内，并充以 SF_6气体作为绝缘和灭弧介质，称为 SF_6气体绝缘变电站，简称 GIS。

全封闭组合电器具有以下特点：①小型化。因采用绝缘性能卓越的 SF_6气体作为绝缘和灭弧介质，所以占用空间小，能大幅度缩小变电站的体积，实现小型化。②可靠性高。由于带电部分全部密封于惰性 SF_6气体中，大大提高了可靠性。③安全性好。带电部分密封于接地的金属壳体内，因而没有触电危险；惰性气体为不燃烧气体，所以无火灾危险。④杜绝对外部的不利影响。因带电部分用金属壳体封闭，对电磁和静电实现屏蔽，噪声小，抗无线电干扰能力强。⑤安装周期短。由于实现了小型化，可在工厂内进行整机装配和试验合格后，以单元或间隔的形式运达现场，因此既可缩短现场安装工期，又能提高可靠性。⑥维护方便，检修周期长。因其结构布局合理，灭弧系统先进，大大提高了产品的使用寿命，因此检修周期长、维修工作量小，而且由于小型化，离地面低，因此日常维护方便。GIS 的检修周期一般为 5~10 年。

全封闭组合电器的缺点是：需要专门的 SF_6气体系统的辅助设备，对制造工艺要求较高，价格较昂贵。

全封闭组合电器适用于 110 kV 及以上电压等级的城网变电所、山区变电所、严重污秽及高海拔地区变电所等。目前，全封闭组合电器的发展方向是将变压器一、二次开关全部合为一体，成为气体绝缘组合的供电系统，今后将向小型化、智能化、免维护、易施工的方向发展。

第三章 电力系统调频、调压及经济运行

第一节 电力系统频率调整

一、有功功率平衡

（一）有功功率平衡和备用容量

若机械转矩（功率）大于电磁转矩（功率），则频率升高；反之，频率下降。发电机输出的电磁功率是由系统负荷、系统结构及系统运行状态决定的，这些因素的变化是随机的、瞬时的。而发电机输入的机械功率则是由原动机的气门或导水叶的开度决定的，这些又受控于原动机的调速系统。调速系统调节气门或导水叶的速度相对迟缓，无法适应发电机电磁功率的变化。因此，严格保证系统频率为额定频率是不切实际的，通常规定一个允许的频率偏移范围，如我国规定正常运行时频率偏差限值为±0.2Hz；当系统容量较小时，偏差限值可以放宽到±0.5Hz。

为了保证频率偏移不超过允许值，须要在系统中负荷变化或其他原因造成电磁转矩变化时，及时调整原动机的机械功率，尽量使发电机转轴上的有功功率平衡。即满足电力系统运行中所有发电厂发出的有功功率的总和在任何时刻都是同系统的总负荷相平衡。总负荷包括用户的有功负荷、厂用电有功负荷及网络的有功损耗。

为保证安全和优质的供电，电力系统的有功功率平衡必须在额定运行参数下确立，而且还应具有一定的备用容量。系统中备用容量就是系统的电源容量大于发电负荷的部分。一般要求备用容量为最大发电负荷的15%～20%。

备用容量按容量的存在形式可分为两种：热备用和冷备用。

1. 热备用

指运行中的发电设备可能发出的最大功率与系统发电负荷的差，又称其为旋转备用或运转备用。

2. 冷备用

指未运转的发电设备可能发出的最大功率，检修中的发电设备不属于冷备用。备用容量按用途可分为以下四种：负荷备用、事故备用、检修备用和国民经济备用。

（1）负荷备用

指为了满足系统中短时的负荷变动和短期内计划外的负荷增加而设置的备用。负荷备用容量的大小与系统负荷的大小有关，一般为最大负荷的2%~5%。大系统采用较小的百分数，小系统采用较大的百分数。

（2）事故备用

指在发电设备发生偶然事故时，为保证向用户正常供电而设置的备用。事故备用容量的大小与系统容量的大小、机组台数、单机容量以及对系统供电可靠性要求的高低有关。一般为最大负荷的5%~10%，但不能小于系统中最大一台机组的容量。

（3）检修备用

指为系统中的发电设备能定期检修而设置的备用。它与系统中的发电机台数、年负荷曲线、检修周期、检修时间的长短、设备新旧程度等有关。检修备用与前两种备用不同，是事先安排的。检修分大修和小修两种，小修一般安排在节假日或负荷低谷期；大修时，水电厂安排在枯水期，火电厂安排在一年中系统综合负荷最小的季节。

（4）国民经济备用

指考虑国民经济超计划增长和新用户的出现而设置的备用。这部分备用与国民经济增长有关，一般取最大负荷的3%~5%。

上述四种备用是以热备用和冷备用的形式存在着的。其中，负荷备用和一部分事故备用须为热备用，其余备用视需要确定为热备用或冷备用。

（二）有功功率负荷的变动规律

系统中负荷无时无刻不在变动。分析负荷变动规律可见，实际上它是几种负荷变动规律的综合。或者反过来说，可将这种不规则负荷变动规律分解为几种有规律可循的负荷变动。对于实际的有功负荷 P_{Σ} ，一般可分解为三种负荷的叠加：第一种负荷 P_1 变动周期小于10s，变化幅度小，它是由中小型用电设备的投入和切除引起的，这种负荷变动有很大的偶然性；第二种负荷 P_2 变动周期为10~180s，变化幅度较大，对应于工业电炉、电力机车和压延机械等冲击性负荷；第三种负荷 P_3 变动周期最大，变化幅度最大，引起负荷变化的原因主要是工厂的作息制度、人民的生活规律、气象条件的变化等，基本上可以预计。

有鉴于此，电力系统有功功率和负荷调整大体上可分为一次、二次和三次调整三种。具体来说，一次调频是由发电机组的调速器进行的对第一种负荷变动引起的频率偏移的调整；二次调频是由发电机的调频器进行的对第二种负荷变动引起的频率偏移的调整；三次调频的名词不常用，它是指按最优化准则分配第三种有规律变动的负荷，即责成各发电厂按事先给定的发电负荷曲线发电。

二、电力系统的频率特性

在进行频率调整前，有必要概括地了解电力系统负荷、发电机的有功功率和频率的关系，称这种关系为有功功率-频率静态特性。

（一）电力系统负荷的有功功率-频率静态特性

在电力系统的总有功负荷中，有与频率变化无关的负荷，如照明、整流设备等；有与频率成正比的负荷，如球磨机、往复式水泵等；有与频率的二次方成正比的负荷，如变压器的涡流损耗；有与频率的三次方成正比的负荷，如通风机、循环水泵等；有与频率的更高次方成正比的负荷，如给水泵等。整个系统的有功功率负荷与频率的关系可写成下式

$$P_L = a_0P_{LN} + a_1P_{LN}\left(\frac{f}{f_N}\right) + a_2P_{LN}\left(\frac{f}{f_N}\right)^2 + a_3P_{LN}\left(\frac{f}{f_N}\right)^3 + \cdots \quad (3-1)$$

式中，P_L 为频率等于 f 时系统的有功负荷；P_{LN} 为新率等于额定频率时系统的有功负荷；系数 a_i 为与频率的 i 次方成正比的负荷在 P_{LN} 中所占的份额，显然有

$$a_0 + a_1 + a_2 + a_3 + \cdots = 1 \quad (3-2)$$

当频率偏离额定值不大时，负荷有功-频率静态特性用一条近似直线来表示，直线的斜率为

$$K_L = \tan\beta = \frac{\Delta P_L}{\Delta f} \quad (3-3)$$

标幺值形式为

$$K_{L*} = \frac{\Delta P_L/P_{LN}}{\Delta f/f_N} = \frac{\Delta P_{L*}}{\Delta f_*} \quad (3-4)$$

式中，K_L 称为负荷的频率调节效应系数或称为负荷的频率调节效应，单位 MW/Hz，表示负荷随频率的变化程度。当频率下降时，负荷吸收的有功功率自动减小；当频率上升时，负荷吸收的有功功率自动增加。显然，负荷的这种特性有利于系统的频率稳定。

K_{L*} 取决于全系统各类负荷的比重，不同系统或同一系统不同时刻的值都可能不同。在实际系统中 $K_{L*}=1\sim3$，它表示频率变化 1%时，负荷有功功率相应变化 1%～3%。K_{L*}

的具体数值通常由试验或计算求得，是调度部门必须掌握的一个数据，因为它是考虑按频率减负荷方案和低频率事故时用一次切除负荷来恢复频率的计算依据。

（二）发电机组的有功功率–频率静态特性

1. 发电机调速系统及其特性

发电机的功频静特性取决于原动机的调速系统，发电机组的速度调节是由原动机附设的调速器来实现的。

离心式机械液压调速系统由四个部分组成。调速器的飞摆由套筒带动转动，套筒则为原动机的主轴所带动。单机运行时，因机组负荷的增大，转速下降，飞摆由于离心力的减小，在弹簧的作用下向转轴靠拢。在油压作用下，油动机活塞向上移动，使汽轮机的调节气门或水轮机的导向叶片开度增大，增加进汽量或进水量。

2. 发电机组的有功功率–频率静态特性

当外界负荷增大时，发电机输入功率小于输出功率，转速和频率下降，调速器的作用将使发电机输出功率增加，转速和频率上升。但由于调速器本身特性的影响，转速和频率的上升要略低于原来负荷变化前的值。当负荷减小时，发电机输入功率大于输出功率，使转速和频率增加，调速器的作用使发电机输出功率减小，转速和频率下降，但略高于原来的值，可见调速器的调节过程是一个有差调节过程，其有功功率–频率静态特性曲线近似为一直线。

直线的斜率的相反数为

$$K_G = -\frac{\Delta P_G}{\Delta f} \tag{3-5}$$

标幺值形式为

$$K_G = -\frac{\Delta P_G f_N}{P_{GN}\Delta f} = K_G f_N / P_{GN} \tag{3-6}$$

式中，K_G 为发电机的单位调节功率，单位 MW/Hz，表示频率变化时发电机组输出功率的变化量。负号表示频率下降时，发电机组的有功出力将增加。发电机的单位调节功率和机组的调差系数有互为倒数的关系。因发电机组的调差系数为

$$\sigma = -\frac{\Delta f}{\Delta P_G} = \frac{f_0 - f_N}{P_{GN}} \tag{3-7}$$

百分数表示为

$$\sigma\% = -\frac{\Delta f P_{GN}}{f_N \Delta P_{GN}} \times 100 = \frac{f_0 - f_N}{f_N} \times 100 \tag{3-8}$$

故

$$K_G = \frac{1}{\sigma} = \frac{1}{\sigma\%} \times 100 \frac{P_{GN}}{f_N} \tag{3-9}$$

标幺值形式为

$$K_G = \frac{1}{\sigma\%} \times 100 \tag{3-10}$$

一般来说，调差系数（或发电机的单位调节功率）是可以整定的。

汽轮发电机组：$\sigma\% = 4 \sim 6$ 或 $K_{G*} = 16.7 \sim 25$。

水轮发电机组：$\sigma\% = 2 \sim 4$ 或 $K_{G*} = 25 \sim 50$。

三、电力系统的频率调整

（一）电力系统频率的一次调整

负荷变化引起频率偏差时，系统中的负荷以及装有调速器又留有可调容量的发电机组都依据各自的功频静特性自动参加频率调整，这就是电力系统频率的一次调整。电力系统频率的一次调整只能做到有差调节。

由于负荷突增，发电机组功率不能及时变动而使机组减速，系统频率下降，同时，发电机组功率由于调速器的一次调整作用而增大，负荷功率因其本身的调节效应而减少，经过一个衰减的振荡过程，达到新的平衡。换句话说，一次调频，牺牲了频率使原始的负荷增量被两部分消化掉，一部分是由负荷自身随频率降低而减少的量，另一部分是发电机组随频率降低而增发的量。故下面的公式成立

$$\Delta P_{L0} = |AO| = |OB| + |BA|$$

$$|OB| = -K_G \Delta f$$

$$|BA| = K_L \Delta f$$

$$\Delta P_{L0} = -K_G \Delta f - K_L \Delta f = -(K_G + K_L)\Delta f = -K_S \Delta f \tag{3-11}$$

式中，K_s 称为系统的单位调节功率，单位 MW/Hz。表示原动机调速器和负荷本身的调节效应共同作用下引起频率单位变化时的负荷变化量。

标幺值形式（K_S 的基准值为 P_{LN}/f_N）为

$$K_{S*} = \frac{K_S}{P_{LN}/f_N} = \frac{K_S f_N}{P_{LN}} \tag{3-12}$$

对于系统有若干台机组参加一次调频

$$K_S = \sum K_G + K_L \tag{3-13}$$

（二）电力系统频率的二次调整

当负荷变动幅度较大，周期较长，仅靠一次调频作用不能使频率的变化保持在允许范围内，这时须借助调速系统中的调频器动作，以使发电机组的功频特性平行移动，从而改变发电机的有功功率以保持系统频率不变或在允许范围内。现代电力系统中的机组普遍装有自动调频装置。自动调频装置不仅反应速度快、频率波动小，而且还可以同时顾及实现有功负荷的经济分配，保持系统联络线交换功率为定值，并能满足系统安全经济运行的各种约束条件。

频率的二次调整只有部分发电厂承担，按照是否承担二次调整可将所有电厂分为主调频厂、辅助调频厂和非调频厂三类，其中，主调频厂（一般是 1~2 个电厂）负责全系统的频率调整（二次调整）；辅助调频厂只在系统频率超过某一规定的偏移范围时才参与频率调整，这样的电厂一般也只有少数几个；非调频厂在系统正常运行情况下则按预先给定的负荷曲线发电。

主调频厂须满足的条件是：调整的容量应足够大；调整的速度应足够快；调整范围内的经济性能应更好；注意系统内及互联系统的协调问题。从出力调整范围和调整速度来看，水电厂最适宜承担调频任务。但是在安排各类电厂的负荷时，还应考虑整个电力系统运行的经济性。在枯水季节，宜选水电厂作为主调频厂，火电厂中效率较低的机组则承担辅助调频的任务；在丰水季节，为了充分利用水力资源，避免弃水，水电厂宜带稳定的负荷，而由效率不高的中温中压凝汽式火电厂承担调频任务。

（三）互联系统的频率调整

大型电力系统的供电地区幅员宽广，电源和负荷的分布情况比较复杂，频率调整难免引起网络中潮流的重新分布。如果把整个电力系统看作是由若干个分系统通过联络线连接而成的互联系统，那么在调整频率时，还必须注意联络线交换功率的控制问题。

第二节　电力系统电压调整

一、无功功率的平衡

（一）无功功率电源

电力系统中的无功功率电源主要包括发电机和各种无功补偿装置，此外输电线路的充电功率也可以视为电力系统中的无功功率电源。

1. 同步发电机

发电机是电力系统中最基本的无功功率电源，可以通过调节发电机的励磁电流来改变发电机发出的无功功率。由电机学中发电机的 P-Q 功率极限图可知，只有当发电机运行在额定状态时，发电机才有最大视在功率，其容量才能得到充分的利用。当发电机在低于其额定功率因数运行时，发电机发出的有功功率降低，其发出的无功功率比额定运行状态的无功功率大。因此，在系统有功备用比较充足的情况下，可利用靠近负荷中心的发电机，在降低有功功率的条件下，多发无功功率，以提高电网的电压水平。

2. 无功补偿装置

常用的无功功率补偿设备有静电电容器、同步调相机、静止补偿器和静止调相机等。

同步调相机相当于空载运行的同步电动机。在过励磁运行时，它向系统供给感性无功功率而起无功电源的作用，能提高系统电压；在欠励磁运行时（欠励磁最大容量只有过励磁容量的 50%~65%），它从系统吸取感性无功功率而起无功负荷作用，可降低系统电压。它能根据装设地点电压的数值平滑改变输出（或吸取）的无功功率，进行电压调节。因而调节性能较好。但同步调相机是旋转机械，运行维护比较复杂；有功功率损耗较大，在满负荷时约为额定容量的 1.5%~5%，容量越小，百分数越大；而且小容量的调相机每千伏安容量的投资费用也较大。故同步调相机宜大容量集中使用，同步调相机常安装在枢纽变电站。

静电电容器是非常经济和方便的补偿设备，它分散安装在各用户处和一些降压变压所的 10kV 或 35kV 母线上，使高低压电力网（包括配电网）的电压损耗和功率损耗都得到减小，在高峰负荷时能提高全网的电压水平。在负荷较低时，可以切除部分并联电容器，防止电压水平过高。静电电容器的装设容量可大可小，既可集中使用，又可以分散安装。电容器每单位容量的投资费用较小，运行时功率损耗也较小，维护也较方便。但由于静电电容器所供应的感性无功功率与其端电压的二次方成正比，又不能实现连续调节，故电容器的无功功率调节性能比较差。

静止补偿器和静止调相机同属“灵活交流输电系统”范畴的两种无功功率电源。前者出现在 20 世纪 70 年代初，是这一“家族”的最早成员，目前已为人们所熟知；后者则尚待扩大试运行的规模。静止补偿器的全称为静止无功功率补偿器，由静电电容器与电抗器并联组成，电容器可发出无功功率，电抗器可吸收无功功率，两者结合起来，再配以适当的调节装置，就能够平滑地改变输出（或吸收）的无功功率。静止补偿器有各种不同类型，目前常用的有晶闸管控制电抗器型、晶闸管开关电容器型和饱和电抗器型三种。静止调相机是一种更为先进的静止无功补偿装置。其工作原理是以电容器为电压源，利用由六个可关断晶闸管和六个二极管反向并联组成的逆变器控制其交流侧的电压，达到向系统注入或吸收无功的目的。与静止补偿器相比，静止调相机响应速度更快，运行范围更宽，谐波电流含量更少，尤其重要的是，当系统电压较低时仍可向系统注入较大的无功电流，它的储能元件（如电容器）的容量远比它所提供的无功容量要小。

3. 输电线路的充电功率

依据输电线路的等效电路，线路对地导纳支路的无功损耗为 $\Delta Q_B = -\frac{B}{2}(U_1^2 + U_2^2)$，线路阻抗支路的无功损耗为 $\Delta Q_L = \frac{P_1^2 + Q_1^2}{U_1^2}X = \frac{P_2^2 + Q_2^2}{U_2^2}X$，故输电线路的对地支路呈容性，是发出无功功率的（又称充电功率），可以视为无功电源。但输电线路作为电力系统的一个元件究竟消耗容性或感性无功功率尚不能肯定。一般情况下，35kV 及以下输电线路消耗无功功率；110kV 及以上输电线路在轻载或空载时，成为无功电源，重载时消耗无功功率。

（二）无功负荷

大多数用电设备要消耗无功功率，其中异步电动机的比重很大。异步电动机吸取的无功功率由励磁电抗吸收的无功功率 Q_m 和由漏抗吸收的无功功率 Q_σ 两部分组成，即

$$Q_M = Q_m + Q_\sigma = \frac{U^2}{X_m} + I^2X_\sigma \tag{3-14}$$

Q_m 的大小取决于励磁电流，而励磁电流随加于电动机上的电压变化。在额定电压附近时励磁电流变化很大，因此较小的电压变化将引起大的 Q_m 变化；当电压明显低于额定值时，电压变化引起的 Q_m 变小。由于电动机最大转矩与电压二次方成正比，电压下降时，引起电动机的转差增大，负荷电流增加，因此相应的无功功率 Q_σ 也增加。也就是说，当电压从额定电压开始下降时，Q_m 下降显著，成为决定 Q_m 的主导方面；当电压降低到某一临界值后，Q_m 的变化不大，而 Q_σ 随电压下降而增加，这时 Q_m 主要受 Q_σ 的影响。综合负荷的无功功率-电压静特性与异步电动机的曲线相似。

（三）无功功率损耗

电网元件的无功功率损耗，从变压器和输电线路两方面来分析。

1. 变压器的无功功率损耗

变压器中的无功功率损耗分两部分，即励磁支路损耗和绕组漏抗中损耗，见式（3-15）。其中，励磁支路损耗的百分值基本上等于空载电流 I_0 的百分值，为1%~2%；绕组漏抗中损耗的百分值在变压器满载时，基本上等于短路电压 U_k 的百分值，约为10%。假定一台变压器的空载电流 $I_0\%=1.5$，短路电压 $U_k\%=10.5$，在额定满载下运行时，无

功功率的消耗将达额定容量的 12%。如果从电源到用户须要经过好几级变压，则变压器中无功功率损耗的数值是相当可观的。

$$Q_{LT} = \Delta Q_0 + \Delta Q_T = U^2 B_T + \left(\frac{S}{U}\right)^2 X_T \approx \frac{I_0\%}{100}S_N + \frac{U_k\%S^2}{100S_N}\left(\frac{U_N}{U}\right)^2 \quad (3-15)$$

式中，Q_{LT} 为变压器的无功功率损耗；ΔQ_0 为励磁支路损耗；ΔQ_T 为绕组漏抗中损耗。

2. 输电线路的无功功率损耗

根据之前的分析，输电线路的阻抗支路是消耗无功的，导纳支路是发出无功的，输电线路作为电力系统的一个元件究竟是无功电源还是产生了无功功率损耗并不确定。

(四) 无功功率平衡

无功功率平衡有两层含义：一是在运行中的电力系统，要求无功电源发出的无功功率与无功负荷及网络中的无功功率损耗所需的无功功率相平衡；二是在电力系统规划设计时，系统所配置的无功电源容量，应与系统所需无功电源功率及系统无功备用电源功率相平衡，以满足系统运行的可靠性和负荷发展的需要。

无功功率平衡方程式为

$$Q_{GC} - Q_{LD} - Q_L = Q_{res} \quad (3-16)$$

式中，$\sum Q_{GC}$ 为电源供应的无功之和，包括发电机的无功功率和各种补偿设备的无功功率；Q_{LD} 为无功负荷；Q_L 为网络无功功率损耗之和（注意这里将输电线路导纳支路的充电功率作为感性无功功率损耗考虑，数值应取为负值并计入 Q_L 中）；Q_{res} 为无功功率备用。$Q_{res}>0$，表示系统中无功功率可以平衡且有适量的备用，才能维持系统电压在较高的水平。

电力系统的无功功率平衡应分别按正常运行时的最大和最小负荷进行计算。经过无功功率平衡计算发现无功功率不足时，可以采取的措施有：①要求各类用户将负荷的功率因数提高到现行规程规定的数值。②挖掘系统的无功潜力。例如，将系统中暂时闲置的发电机改作调相机运行；动员用户的同步电动机过励磁运行等。③根据无功平衡的需要，增添必要的无功补偿容量，并按无功功率就地平衡的原则进行补偿容量的分配。小容量的、分散的无功补偿可采用静电容电器；大容量的、配置在系统中枢点的无功补偿则宜采用同步调相机或静止补偿器。

注意，有时候，某一地区无功功率电源有富余，另一地区则存在缺额，调余补缺是不适宜的，应该分别进行处理。在超高压电网配置并联电抗补偿的同时，较低电压等级的配电网络配置必要的并联电容补偿，这种情况是正常的。

二、电力系统的电压调整

（一）电压调整的必要性

电力系统正常运行时，由于负荷及运行方式变化导致节点电压可能会偏移额定值。而任何电压的偏移都会带来经济、安全方面的不利影响，这是因为：①所有的用电设备都是按运行在额定电压时效率为最高设计的，偏离额定电压必然导致效率下降，经济性变差。②电压过高，会大大缩短白炽灯一类照明灯的寿命，也会对设备的绝缘不利。③电压过低，会大大增加恒定转矩的异步电动机的转差，由此引起工业产品出现次品、废品，转差增大的结果使异步电动机电流增加，由此引起发热，甚至损坏。④运行电压严重偏低的情况下，一些变电站在负荷的微小扰动下会出现电压大幅度下滑，以至电压崩溃，造成大面积停电。⑤电压偏移过大，除了影响用户的正常工作以外，对电力系统本身也有不利影响。电压降低，会使网络中的功率损耗和能量损耗加大，电压过低还可能危及电力系统运行的稳定性；而电压过高时，各种电气设备的绝缘可能受到损害，在超高压网络中还将增加电晕损耗等。

虽然运行中的各节点电压要求能保持在额定值，但是在实际运行中是不可能实现的。鉴于以上原因，同时考虑到用电设备对电压的要求，电力系统一般规定一个电压偏移的最大允许范围。目前，我国规定的在正常运行情况下，供电电压的允许偏移为：35kV 及以上电压供电负荷，供电电压正、负偏移的绝对值之和不超过额定电压的 10%；10kV 及以下三相电压供电负荷允许电压偏移为±7%；低压单相负荷允许电压偏移为-10%～7%，当系统发生事故时，电压损耗比正常情况下的要大，因此对电压质量的要求允许降低一些，通常允许事故时的电压偏移较正常情况下大 5%。

为了实现节点供电电压在允许偏移之内，须要对电压进行调整。

（二）中枢点电压调整的三种方式

在电力系统的大量节点中，通常选择一些具有代表性的节点加以监视、控制，如果这些节点的电压满足要求，则该节点邻近的节点基本上也能满足要求，这些节点即称为中枢点。一般可选择下列母线作为电压中枢点：①大型发电厂的高压母线（高压母线上有多回出线）；②枢纽变电站的二次母线；③有大量地方性负荷的发电厂母线。

中枢点的调压方式有逆调压、顺调压和常调压三种。

逆调压：对于供电线路较长，负荷波动较大的网络，在最大负荷时线路上的电压损耗增加，这时适当提高中枢点电压以补偿增大的电压损耗，比线路 U_N 高 5%（$1.05U_N$）；最小负荷时线路上电压损耗减小，可降低中枢点电压为 U_N 。

顺调压：负荷变动小，供电线路不长，在允许电压偏移范围内某个值或较小的范围内，最大负荷时电压可以低一些，但不能小于 $1.025U_N$ ，小负荷时电压可以高一些，但不能大于 $1.075U_N$ 。

常调压（恒调压）：负荷变动小，供电线路电压损耗也较小的网络，无论最大或最小负荷时，只要中枢点电压维持在允许电压偏移范围内某个值或较小的范围内（如 1.025~$1.05U_N$ ），就可保证各负荷点的电压质量。这种在任何负荷情况下，中枢点电压保持基本不变的调压方式称为常调压。

在实际电力系统中，由同一中枢点供电的负荷可能很多，且中枢点到负荷处线路上的电压损耗的大小和变化规律的差别可能很大，完全可能出现在某些时段内，中枢点电压取任何值均不能满足要求，这时须采取其他措施（如在负荷处进行无功补偿、改变变压器电压比等）。

（三）电压调整的措施及原理

1. 改变发电机端电压调压

根据运行情况调节励磁电流来改变发电机端电压，这实际上是改变发电机的无功功率输出。因此，发电机端电压的调节受发电机无功功率极限的限制，当发电机输出的无功功率达到上限或下限时，发电机就不能继续进行调压。对于不同类型的供电网络，发电机所起的作用是不同的。

由发电机直接供电的小系统，在最大负荷时，系统电压损耗最大，发电机应保持较高的端电压，以提高网络电压；反之，在最小负荷时，发电机应维持低一些的电压，以满足电力网各点的电压要求。也就是说，在发电机直接供电的小系统中，依靠发电机进行调节，一般可满足用户的电压要求。

对于线路较长、供电范围较大、有多级变压的供电系统，从发电厂到最远处的负荷点之间，电压损耗的数值和变化幅度都比较大。单靠发电机调压无法满足系统各点的电压要求，必须与其他调压措施配合使用。

所以，改变发电机端电压的调压措施，适合于由孤立发电厂不经升压直接供电的小型电力网，在大型电力系统中发电机调压一般只作为一种辅助性的调压措施。显然，如果发电机能实现逆调压，则会减轻其他调压设备的负担，使系统的电压调整容易解决一些。

还须注意的是，互联系统中利用发电机调压可能引起发电机间无功功率的重新分配，可能与无功功率的经济分配发生矛盾。

2. 改变变压器电压比调压

双绕组变压器的高压绕组和三绕组的高、中压绕组有若干分接头可供选择，如有 $U_N \pm$

5%、U_N ±2×2.5%或 U_N ±4×2%等，其中对应于 U_N 的分接头常称主接头或主抽头。改变变压器的电压比调压实际上就是根据调压要求适当选择分接头。普通变压器的分接头只能在停电的情况下改变，所以，在任何负荷情况下只能用同一个分接头，有载调压变压器可以带负荷改变分接头。

对于普通变压器，须在投运前选择好合适的接头以满足各种负荷要求。为使最大、最小负荷两种情况下变电站低压母线实际电压偏离要求值大体相等，分接头电压应根据两种运行方式的要求分别计算，然后取平均值选择接近的一挡，最后进行校验。有载调压变压器可以在带负荷的条件下切换分接头，而且调节范围比较大，一般在15%以上。采用有载调压变压器时，可以根据最大负荷算得的分接头电压值和最小负荷算得的分接头电压值来分别选择各自合适的分接头。这样就能缩小次级电压的变化幅度，甚至改变电压变化的趋势。

须要说明的是，当电力系统无功功率不足时，不能通过改变变压器的电压比来调压。因为改变变压器的电压比从本质上并没有增加系统的无功功率，这样以减少其他地方的无功功率来补充某地由于无功功率不足而造成的电压低下，其他地方则有可能因此而造成无功功率不足，不能根本性解决整个电力网的电压质量问题，所以必须首先进行无功补偿，再进行调压。

3. 补偿无功功率调压

在电力系统的适当地点加装无功补偿设备，可以减少线路和变压器中输送的无功功率，从而改变线路和变压器的电压损耗，达到调压的目的。补偿容量与调压要求和降压变压器的电压比选择均有关。电压比的选择原则是在满足调压的要求下，使无功补偿容量为最小。无功补偿设备的性能不同，选择电压比的条件也不相同。

4. 改变电力线路参数调压

对于35~110kV的架空线路，如果线路长度很长，负荷变化范围很大，或向冲击负荷供电等情况下，可在线路中串联电容器，用容性电抗抵消线路的一部分感抗，使线路等效参数 X 变小，从而可以改变电压损耗，达到调压的目的。

由于单个串联电容器的额定电压不高，额定容量也不大，所以实际上的串联电容补偿装置是由许多个电容器串并联组成的串联电容器组。如果每台电容器的额定电流为 I_{NC}，额定电压为 U_{NC}，额定容量为 $Q_{NC}=U_{NC}I_{NC}$，则可根据通过的最大负荷电流 I_{Cmax} 和所需的容抗值 X_C 分别计算电容器串、并联的台数 n、m 以及三相电容器的总容量 Q_C。

串联电容器组的并联支路数 m，可根据线路通过的最大负荷电流 I_{Cmax} 来确定

$$mI_{NC} \geqslant I_{Cmax} \tag{3-17}$$

即

$$m \geqslant \frac{I_{\mathrm{Cmax}}}{I_{\mathrm{NC}}} \tag{3-18}$$

每一并联支路串联数 n，可根据最大电流通过 X_{C} 时的电压降确定

$$nU_{\mathrm{NC}} \geqslant I_{\mathrm{Cmax}}X_{\mathrm{C}} \text{ 即 } n \geqslant \frac{I_{\mathrm{Cmax}}X_{\mathrm{C}}}{U_{\mathrm{NC}}} \tag{3-19}$$

m、n 取整后，三相总共需要的电容器台数为 3mn，总容量

$$Q_{\mathrm{C}} = 3mnQ_{\mathrm{NC}} = 3mnU_{\mathrm{NC}}I_{\mathrm{NC}} \tag{3-20}$$

串联电容器提升的末端电压的数值 QX_{C}/U（调压效果）随无功负荷增大而增大、无功负荷的减小而减小，恰与调压的要求一致，这是串联电容器调压的一个显著优点。但对负荷功率因数高（$\cos\varphi > 0.95$）或导线截面积小的线路，由于 PR/U 分量的比重大，串联补偿的调压效果就很小。电力线路采用串联电容补偿，带来一些特殊问题，因此作为改善电压质量的措施，串联电容器只用于 110kV 以下电压等级、长度特别大或有冲击负荷的架空分支线路上。10kV 及以下电压的架空线路，由于 $R_{\mathrm{L}}/X_{\mathrm{L}}$ 很大，所以使用串联电容补偿是不经济和不合理的。220kV 以上电压等级的远距离输电线路中采用串联电容补偿，其作用在于提高运行稳定性和输电能力。

5. 几种调压措施的适用情况

由于改变发电机端电压调压简单经济，应优先考虑，但可调范围有限。改变变压器电压比是一种有效的调压措施，当系统中无功功率充裕时，这种措施效果明显。补偿无功功率调压虽须增加投资，但由于它可以降低网损，也经常采用。改变电力线路参数，如串联电容器，在提高线路末端电压的同时，对提高电力系统的运行稳定性也有积极的作用，这一措施的应用应综合加以考虑。

实际电力系统的电压调整问题是一个复杂的综合性问题，系统中各母线电压与各线路中的无功功率是互相关联的。所以，各种调压措施要相互配合，使全系统各点电压均满足要求，并使全网无功功率分布合理，有功功率损耗达到最小。

第三节　电力系统经济运行

一、电力网的电能损耗

（一）网损和网损率

网损即电力网的损耗电量，指在给定的时间内所有送电、变电和配电环节所损耗的电

量。换句话说电能从发电厂送出，经升压变压器到输电线路，到降压变压器，到配电线路，至配电变压器，直至用户的电能表为止的传输过程中所引起的损失电量总和，统称为电力网的损耗电量。供电量指在给定的时间内，系统中所有发电厂的总发电量同厂用电量之差。在同一时间内，电力网损耗电量占供电量的百分比，称为电力网的损耗率，简称网损率或线损率。

$$\text{网损率}=\frac{\text{电力网损耗电量}}{\text{供电量}}\times 100\% \tag{3-21}$$

在实际生产中，根据电力网损耗电量的数据来源，网损率可分为统计网损率和理论网损率。网损率是衡量供电企业技术和管理水平的重要标志。

$$\text{统计网损率}=\frac{\text{供电量}-\text{售电量}}{\text{供电量}}\times 100\%$$

$$\text{理论网损率}=\frac{\text{计算出的电力网损耗电量}}{\text{供电量}}\times 100\% \tag{3-22}$$

（二）降低网损的技术措施

为了降低供电网的电能损耗，可采取各种技术措施和管理措施。下面主要介绍技术措施。

1. 闭式网络中功率的经济分布

在环网中引入环路电势产生循环功率，是对环网进行潮流控制和改善功率分布的有效手段。根据潮流计算学到的知识，环网中初步功率的分布是与阻抗共轭成反比分布的，这种分布称为功率的自然分布。欲使网络的功率损耗为最小，可以证明功率的分布应与电阻成反比。使自然功率分布接近经济功率分布的措施有三种：①规划建设时尽量采用均一网。②在由非均一线路组成的环网中，功率的自然分布不同于经济分布。电网的不均一程度越大，两者的差别也就越大。为了降低网络的功率损耗，可以在环网中引入环路电势进行潮流控制，使功率分布尽量接近于经济分布。③选择适当地点做开环运行。为了限制短路电流或满足继电保护动作选择性要求，须将闭式网络开环运行，开环点的选择也尽可能兼顾到使开环后的功率分布更接近于经济分布。

2. 减少线路输送的无功功率

（1）装设无功补偿装置，提高用户功率因数

装设并联无功补偿设备是提高用户功率因数的重要措施。对于一个具体的用户，负荷离电源点越远，补偿前的功率因数越低，安装补偿设备的降损效果也就越大。对于电力网来说，配置无功补偿容量须要综合考虑实现无功功率的分地区平衡，提高电压质量和降低网络功率损耗这三个方面的要求，通过优化计算来确定补偿设备的安装地点和容量分配。

(2) 增大异步电动机的受载系数，提高用户功率因数

为了减少对无功功率的需求，用户应尽可能避免用电设备在低功率因数下运行。许多工业企业都大量地使用异步电动机。异步电动机所需要的无功功率中的励磁功率，它与负载情况无关，其数值占 Q_N 的 60%~70%。绕组漏抗中的损耗，与受载系数的二次方成正比。受载系数降低时，电动机所需的无功功率只有一小部分按受载系数的二次方而减小，而大部分则维持不变。因此，受载系数越小，功率因数越低。

(3) 条件许可的情况下，选用同步电动机

在技术条件许可的情况下，可采用同步电动机代替异步电动机运行（前者可向系统输出无功功率）、用户中已运行的同步电动机过励运行等措施。

3. 合理安排电力网的运行方式

(1) 合理确定电力网的运行电压水平

运行时，变压器铁芯中的功率损耗在额定电压附近大致与电压二次方成正比，当网络电压水平提高时，如果变压器的分接头也做相应的调整，则铁损将接近于不变。而线路的导线和变压器绕组中的功率损耗则与电压二次方成反比。必须指出，在电压水平提高后，负荷所取用的功率会略有增加。在额定电压附近，电压提高 1%，负荷的有功功率和无功功率将分别增大 1%和 2%，这将稍微增加网络中与通过功率有关的损耗。一般情况下，铁损小于 50%的电力网，适当提高运行电压可以降低网损；铁损大于 50%的电力网，适当降低运行电压可以降低网损。

无论对于哪一类电力网，为了经济的目的提高或降低运行电压水平时，都应将其限制在电压偏移的容许范围内。当然，更不能影响电力网的安全运行。

(2) 组织变压器的经济运行

在电力网中，变压器的损耗占电网总损耗的很大部分。在一个变电站内装有多台容量和型号都相同的变压器时，根据负荷的变化适当改变投入运行的变压器台数，可以减少功率损耗。

应该指出，对于季节性变化的负荷，使变压器投入的台数符合损耗最小的原则是有经济意义的，也是切实可行的。但对一昼夜内多次大幅度变化的负荷，为了避免断路器因过多的操作而增加检修次数，变压器则不宜完全按照上述方式运行。此外，当变电站仅有两台变压器而须切除一台时，应有措施保证供电的可靠性。

4. 对原有电网进行技术改造

为了满足日益增长的负荷需要，应对原有电网进行技术改造，例如增设电源点、提升线路电压等级、简化网络结构、减少变电层次、增大导线截面积等，都可减少网络损耗。

5. 加强用户端电能需求管理

加强用户端电能需求管理，如调整用户的负荷曲线，减小高峰负荷和低谷负荷的差

值，提高最小负荷率，使形状系数接近于1，也可降低能量损耗。

二、电力系统有功功率的经济分配

电力系统有功功率的经济分配的目的，是在满足对一定量负荷持续供电的前提下，使发电设备在生产电能的过程中单位时间内所消耗的能源最少。下面仅对火电厂间有功功率负荷的经济分配做简要介绍。

（一）耗量特性及等耗量微增率概念

发电机组的耗量特性是反映发电机组单位时间内能量输入和输出关系的曲线。锅炉的输入是燃料（t标准煤/h），输出是蒸汽（t/h）；汽轮发电机组的输入是蒸汽（t/h），输出是电功率（MW）。其横坐标为电功率（MW），纵坐标为燃料（t标准煤/h）。

（二）等耗量微增率准则

耗量微增率就是燃料消耗微增率，表示锅炉负荷每增加1t/h，燃料消耗的增加值。即每增加单位功率时煤耗量的变化率，微增煤耗率是电力系统经济调度和电厂机组间经济调度的最基本的指标。在正常负荷范围内，微增率是随着负荷的增加而变大的。数学推理证明，当每台锅炉的燃料消耗量微增率相同时。全厂的燃料消耗量为最小。

第四章　电力工程进度管理

第一节　电力工程进度管理理论

一、电力工程项目进度控制的任务

电力工程项目管理类型诸多，代表不同利益方的项目管理（业主方和项目参与各方）都有进度控制的任务，但是，其控制的目标和时间范畴是不相同的。

（一）业主方进度控制的任务

业主方进度控制的任务是控制整个项目实施阶段的进度，其中包括控制设计准备阶段的工作进度、设计工作进度、施工进度、物资采购工作进度，以及项目动用前准备阶段的工作进度。

（二）设计方进度控制的任务

设计方进度控制的任务是依据设计任务委托合同对设计工作进度的要求控制设计工作进度，这是设计方履行合同的义务。另外，设计方应尽量使设计工作的进度与招标、施工和物资采购等工作进度相协调。

（三）施工方进度控制的任务

施工方进度控制的任务是依据施工任务委托合同对施工进度的要求控制施工进度，这是施工方履行合同的义务。在进度计划编制方面，施工方应当视项目的特点和施工进度控制的需要，编制深度不同的控制性、指导性和实施性施工的进度计划，以及按不同计划周期（年度、季度、月度和旬）的施工计划等。

（四）供货方进度控制的任务

供货方进度控制的任务是依据供货合同对供货的要求控制供货进度，这是供货方履行合同的义务。供货进度计划应当包括供货的所有环节，如采购、加工制造、运输等。

二、电力工程项目进度控制的过程

因电力工程项目的复杂性及外界环境的干扰，进度计划的编制者很难事先对项目实施过程中可能出现的问题进行全面的估计，例如气候的变化、意外事故及其他条件的变化都会对电力工程进度计划的实施产生影响，常造成实际进度与计划进度发生偏差，若这种偏差得不到及时纠正，势必会影响到进度总目标的实现。为此，在电力工程项目进度计划的实施过程中，必须采用系统有效的进度控制系统，可概括为以下四个过程：

（一）实施及跟踪检查

采用多种控制手段确保各个工程活动按计划及时开始，记录各工程活动的开始和结束时间及完成程度。跟踪检查的主要工作是定期收集反映实际工程进度的有关数据。收集的数据质量要高，不完整或不正确的进度数据将导致不全面或不正确的决策。究竟多长时间进行一次进度检查，这是项目管理者常常关心的问题。一般情况下，进度控制的效果与收集信息资料的时间间隔有关，进度检查的时间间隔与工程项目的类型、规模、范围大小、现场条件等多方面因素有关，可视工程进度的实际情况，每月、每半月或每周进行一次。在某些特殊情况下，甚至可能进行每日进度检查。

（二）整理、统计和对比收集的数据

将收集的数据进行整理、统计和分析，形成与计划具有可比性的数据。例如，按照本期检查实际完成量确定累计完成的量、本期完成的百分比和累计完成的百分比等数据资料。将实际数据与计划数据进行比较，例如将实际的完成量、实际完成百分比与计划的完成量、计划完成百分比进行比较。通过比较，了解实际进度比计划进度拖后、超前还是与计划进度一致。确定整个项目的完成程度，并结合工期、生产成果、劳动效率、消耗等指标，评价项目进度状况，分析其中的问题。

（三）对下期工作做出安排

对一些已开始，但尚未结束的项目单元的剩余时间做出估算，提出调整进度的措施，按照已完成状况做新的安排和计划，调整网络（如变更逻辑关系、延长缩短持续时间等），

重新进行网络分析，预测新的工期状况。

（四）评审与决策

对调整措施和新计划做出评审，分析调整措施的效果，分析新的工期是否满足目标要求。

三、电力工程项目进度控制的实施

（一）分析进度偏差的影响

当项目出现进度偏差时，应当分析该偏差对后续工作及总工期的影响。主要从以下几个方面进行分析：

（1）分析产生进度偏差的工作是否为关键工作，如果出现偏差的工作是关键工作，则无论其偏差大小，对后续工作及项目总工期都会产生影响，必须进行项目进度计划更新；如果出现偏差的工作为非关键工作，则须按照偏差值与总时差和自由时差的大小关系，确定其对后续工作和项目总工期的影响程度。

（2）出现进度偏差的工作不是关键工作，则应由偏差与总时差及自由时差的关系来确定对后续工作及总工期的影响。

①进度偏差>总时差，必然影响总工期和后续工作；进度偏差≤总时差，表明对总工期无影响，但其对后续工作的影响须要将其偏差与其自由时差相比较才能做出合理判断。

②总时差≥进度偏差>自由时差，不会影响总工期，但对后续工作会产生影响。

③进度偏差≤自由时差，不会对总工期和后续工作产生影响，无须进行调整；进度偏差>自由时差，则会对后续工作产生影响，应按照后续工作允许影响的程度进行调整。

（二）项目进度计划的调整

当发现某活动进度有延误，并对后续活动或总工期有影响时，一般须对进度进行调整，以实现进度目标。调整进度的方案可有多种，须择优选择。电力工程项目可以从如下方面进行调整：

1. 关键工作的调整

关键工作无机动时间，其中任一工作持续时间的缩短或延长都会对整个工程项目工期产生影响。因此，关键工作的调整是项目进度更新的重点。有两种调整情况：

①关键工作的实际进度较计划进度提前时的调整方法。如果仅要求按计划工期执行，

则可利用该机会降低资源强度及费用。实现的方法是，选择后续关键工作中资源消耗量大或直接费用高的予以适当延长，延长的时间不应超过已完成的关键工作提前的量；若要求缩短工期，则应将计划的未完成部分作为一个新的计划，重新计算与调整，按新的计划执行，并确保新的关键工作按新计算的时间完成。

②关键工作的实际进度较计划进度落后时的调整方法。调整的项目目标就是采取措施将耽误的时间补回来，确保项目按期完成。调整的方法主要是缩短后续关键工作的持续时间。

2. 改变某些工作的逻辑关系

若项目实际进度产生的偏差影响了项目总工期，则在工作之间的逻辑关系允许改变的条件下，改变关键线路和超过计划工期的非关键线路上有关工作之间的逻辑关系，达到缩短工期的目的。这种方法调整的效果是显著的。例如，可以将依次进行的工作变为平行或互相搭接的关系，以缩短工期。但这种调整应以不影响原定计划工期和其他工作之间的顺序为前提，调整的结果无法形成对原计划的否定。

3. 重新编制计划

采用其他方法仍无法奏效时，则应按照项目工期的要求，将剩余工作重新编制网络计划，使其满足工期要求。

4. 非关键工作的调整

当项目非关键线路上某些工作的持续时间延长，但不超过其时差范围时，则不会影响项目工作，进度按计划不必调整。为了更充分利用资源，降低成本，在必要时，可对非关键工作的时差做适当调整，但不得超出总时差，且每次调整均须进行时间参数计算，以观察每次调整对计划的影响。非关键工作的调整方法包括三种：①在总时差范围内延长非关键工作的持续时间；②缩短工作的持续时间；③调整工作的开始或完成时间。

当非关键线路上某些工作的持续时间延长而超出项目总时差范围时，则必然影响整个项目工期，关键线路就会转移。此时其调整方法与关键线路的调整方法相同。

5. 增减工作

因编制项目计划时考虑不周，或出于某些原因须增加或取消某些工作，则须重新调整网络计划，计算网络参数，增减工作不应影响原计划总的逻辑关系，以便原计划得以实施。增减工作只能改变局部的逻辑关系。增加工作，只是对原遗漏或不具体的逻辑关系进行补充；减少工作，只是对提前完成的工作或原不应设置的工作予以删除。增减工作后，应重新计算网络时间参数，以分析此项调整是否对原计划工期产生影响。若有影响，应采取措施使之保持不变。

6. 资源调整

当发生异常或供不应求时，如资源强度降低或中断，影响到计划工期的实现就进行资源调整。资源调整的前提是确保工期不变或使工期更加合理；方法是进行资源优化，但最好的办法是预先储备资源。

第二节　项目进度计划系统

一、项目进度计划系统的概念

项目进度计划就是项目实施的时间计划，即工期计划，是为了确保项目目标实现所必须进行的工程活动，根据其内在联系及持续时间，用横道图方法或网络计划进行安排。它是项目计划的主要内容，也是其他计划工作的基础。项目进度目标是项目的主要目标之一，对工期计划具有规定性和限制性。

从项目整体角度看，一个项目包括多个相互关联的进度计划，各项目参与方、各不同层次项目管理者都有其进度计划，它们组成了一个系统。对于总目标的实现而言，缺一不可。项目进度计划系统是项目进度控制的依据。由于各种进度计划编制所需要的必要资料是在项目进展过程中逐步形成的，因此项目进度计划系统的建立和完善也有一个过程，它是逐步形成的。例如，一个建设项目，没有设计的图样和说明，是不能编制施工进度计划的。为了满足不同管理和研究的需要，还可以从多个不同角度来看待项目进度计划系统，这样就有了不同的进度计划系统类型。

二、项目进度计划系统的类型

根据项目进度控制的需要和用途，业主方和项目各参与方可以构建多个不同的项目进度计划系统。

（一）由不同深度的计划构成进度计划系统

包括：①总进度规划（计划）；②项目子系统进度规划（计划）；③项目子系统中的单位工程（或单项工程）进度计划等。

（二）由不同功能的计划构成进度计划系统

包括：①控制性进度规划（计划）；②指导性进度规划（计划）；③实施性（操作性）

进度计划等。

（三）由不同项目参与方的计划构成进度计划系统

包括：①业主编制的整个项目实施的进度计划；②设计进度计划；③施工进度计划；④采购和供货进度计划等。

（四）由不同周期的计划构成进度计划系统

包括：①五年建设进度计划；②年度、季度、月度、旬和周进度计划等。

在项目进度计划系统中，进行各进度计划或各子系统进度计划编制和调整时必须注意其相互之间的联系和协调。

三、项目总进度目标的确定

项目的总进度目标是指整个项目的进度目标，它是在项目决策阶段确定的。项目管理的主要任务就是在项目的实施阶段对项目目标进行控制。项目总进度目标的控制是业主方项目管理的主要任务。在项目的实施阶段，项目总进度目标包括以下七方面：①设计前准备阶段的工作进度；②设计工作进度；③招标工作进度；④施工前准备工作进度；⑤工程施工（土建和设备安装）进度；⑥工程物资采购工作进度；⑦项目动用前的准备工作进度等。

在进行项目总进度目标控制前，首先应分析和论证上述各项工作的进度和项目进度目标实现的可能性，以及上述各项工作进度的相互关系。若项目总进度目标不可能实现，则项目管理者应提出调整目标的建议，提请项目决策者审议。

在项目总进度目标论证时，往往还不能掌握比较详细的设计资料，也缺乏比较全面的有关工程承发包的组织、施工组织和施工技术方面的资料以及其他有关项目实施条件的资料。因此，总进度目标论证并不是单纯的总进度规划的编制工作，它涉及许多工程实施的条件分析和工程实施策划方面的问题。

大型建设工程项目总进度目标论证的核心工作是通过编制总进度纲要论证目标实现的可能性。总进度纲要的主要内容包括以下五点：①项目实施的总体部署；②总进度规划；③各子系统进度规划；④确定里程碑事件（主要阶段的开始和结束时间）的计划进度目标；⑤总进度目标实现的条件和应采取的措施等。

四、项目进度计划编制的依据与步骤

（一）项目总进度计划

1. 项目总进度计划概述

项目总进度计划是针对项目或项目群的实施而编制的实施进度计划，它是项目总体方案在时间序列上的反映。由于这种项目规模大、子项目多，因而其进度计划具有概略的控制性、综合性、预测因素多的特点，对进度只能起规划作用，用以确定各主要项目的施工起止日期，综合平衡各施工阶段（或施工年度、季度）建筑工程的工程量和投资分配。施工项目总进度计划应在施工组织总设计阶段编制完成。

2. 施工项目总进度计划编制依据

（1）施工合同

包括合同工期、分期分批子工程的开、竣工日期，关于工期提前、延误、调整的约定以及标前施工组织设计。

（2）施工进度目标

为了确保进度目标的实现，企业可能有自己的施工进度目标，一般比合同目标更短。

（3）工期定额

工期定额通常是承发包双方签订合同的依据，在编制施工总进度计划时，应以此为最大工期标准，力争缩短而绝对不能超过定额规定的工期。

（4）有关技术经验资料

主要指设计文件，可供参考的施工档案资料（如类似工程的实际进度情况）、地质资料、环境资料、统计资料等。

（5）施工部署与主要工程施工方案

施工总进度计划是施工部署在时间上的体现，所以编制时应在施工部署与主要工程施工方案确定以后进行。

3. 施工总进度计划的编制步骤

（1）确定进度编制目标

应在充分研究经营策略的前提下，确定一个比合同工期和指令工期更积极可靠（更短）的工期作为编制施工总进度计划的目标工期。

（2）计算工程量

施工总进度计划的工程量综合性比较强，编制计划者可从图样计算得到。因为企业投标报价须要计算工程量，现在有些招标文件就附有工程量清单，所以也可利用这些工程量。

(3) 确定各单位工程的施工期限和开、竣工日期

影响单位工程施工期限的因素很多，主要是建筑类型、结构特征和工程规模，施工方法，施工经验和管理水平，资源供应情况以及施工现场的地形、地质条件等。因此，各单位工程的工期应综合考虑上述因素，并参考有关工程定额（或指标）、类似工程实际情况决定。

(4) 安排各单位工程的搭接关系

在不违背工艺关系（如设备安装与土建工程）的前提下，主要考虑资源平衡（如主要工种工人的连续作业）的需要，搭接越多，总工期越短。在具体安排时着重考虑以下四点：①根据施工要求，兼顾施工可能，尽量分期分批地安排施工，明确每个施工阶段的主要单位工程开、竣工时间；②同一时期安排开工项目不宜过多，其中施工难度大、工期长的应尽量先安排开工；③每个项目的施工准备、土建施工、设备安装、试生产在时间上要合理衔接；④土建、设备安装应组织连续、均衡的流水施工。

(5) 编制施工总进度计划表

首先，根据各单位工程（或单项工程）的工期与搭接关系，编制初步计划；其次，按照流水施工与综合平衡的要求，调整进度计划得出施工总进度计划；最后，依据总进度计划编制分期分批施工工程的开工日期、完工日期及工期一览表，资源需要量表等。

(6) 编制说明书

施工总进度计划的编制说明书内容有本施工总进度计划安排的总工期，工期提前率（与合同工期比较），施工高峰人数、平均人数及劳动力不均衡系数，本计划的优缺点，本计划执行的重点和措施，有关责任的分配等。

（二）单位工程施工进度计划

1. 单位工程施工进度计划概述

单位工程施工进度计划以施工方案为基础，根据规定工期、技术及物资的供应条件，遵循各施工过程合理的工艺顺序，统筹安排各项施工活动进行编制，它是针对单位工程的施工而编制的。这种进度计划所含施工内容比较简单，施工工期相对较短，故具有作业指导性。它为各施工过程指明了一个确定的施工日期，即时间计划，并以此为依据确定施工作业所必需的劳动力和各种物资的供应计划。单位工程施工进度计划通常由建筑业企业项目经理部在单位工程开工之前编制完成。

2. 单位工程施工进度计划的编制依据

（1）项目管理目标责任

“项目管理目标责任书”中的六项内容均与单位工程施工进度计划有关，但最主要的还是其中的“应达到项目的进度目标”。这个目标既不是合同目标，也不是定额工期，而是项目管理的责任目标，不但有工期，而且有开工时间和竣工时间等。总之，凡是“项目管理目标责任书”中对进度的要求，均是编制单位工程施工进度计划的依据。

（2）施工总进度计划

单位工程施工进度计划应执行施工总进度计划中的开、竣工时间，工期安排，搭接关系以及说明书。在实施中如须调整，不能打乱总计划的部署，且应征得施工总进度计划审批者（企业经理或技术主管）的批准。

（3）施工方案

施工方案的选择先于施工进度计划确定，它所包含的内容都对施工进度计划有约束作用。其中，施工方法直接影响施工进度的快慢；施工顺序就是施工进度计划的编制次序，以及机械设备的选择，既影响所涉及的子项目的持续时间，又影响总工期，对施工顺序也有制约。

（4）主要材料和设备的供应能力

施工进度计划编制的过程中，必须考虑主要材料和机械设备的供应能力，主要检查供应能否满足进度要求，这就须要反复平衡。一旦进度确定了，则供应能力必须满足进度的需要。

（5）施工人员的技术素质及劳动效率

施工项目的活动一般以人工为主，机械为辅，施工人员技术素质的高低影响着施工的速度和质量。作业人员技术素质必须满足规定要求，不能以“壮工”代替“技工”。作业人员的劳动效率要客观实际，并应考虑社会平均先进水平。

（6）施工现场条件、气候条件和环境条件

这些条件的摸底调查是编制施工计划的要求，也是以后施工调整的需要。

（7）已建成的同类工程实际进度及经济指标

这项依据既可参照、模仿，又可用来分析本计划的水平高低。

3. 单位工程施工进度计划的编制步骤

（1）施工过程划分

任何一个建筑物的建造，都是由许多施工过程组成的。因建筑物类型、建造地点、时间的不同，每一个建筑物所要完成的施工过程的数量和内容也各不相同。

①施工过程的粗细程度。为使计划简明，便于执行，原则上应尽量减少施工过程的数目，能合并的项目尽量合并。关键是找到工作量大、工作持续时间长的主要施工过程。

②施工过程应与施工方法一致。应结合施工方法进行划分，以保证进度计划能够完全符合施工进展的实际情况，真正起到指导施工的作用。

（2）编排合理的施工顺序

确定施工顺序是为了按照施工的技术规律和合理的组织关系，解决各项目之间在时间上的先后顺序和搭接关系，以期做到保证质量、安全施工、充分利用空间、争取时间，实现合理安排工期的目的。

施工顺序是在施工方案确定的施工起点、流向、施工阶段的基础上，按照所选的施工方法和施工机械的要求确定的。确定施工顺序时，必须考虑工程的特点，按照技术上和组织上的要求以及施工方案等进行研究，不能拘泥于某种僵化的顺序。

（3）计算各施工过程的工程量

施工过程确定后，根据施工图及有关工程量计算规划，按划分的施工段的分界线，分层、分段分别计算各个施工过程的工程量，以便安排进度。工程量计算应与所采用的施工方法一致，工程量的计量单位应与采用定额的单位一致。

（4）确定劳动量和机械需要量

计算劳动量和机械需要量时，应根据现行施工定额，并考虑实际施工水平，使作业班组有超额完成的可能性，以调动其工作积极性。

（5）工程分项工作持续时间

①定额计算法。这种方法是根据施工项目需要的劳动量或机械台班需要量，按配备的劳动人数或机械台数计算其工作持续时间。

施工班组人数的确定：在确定班组人数时，应考虑最小劳动组合人数、最小工作面和可能安排的施工人数等因素。最小劳动组合人数即某一施工过程进行正常施工所必需的最低限度的班组人数；可能安排的施工人数即施工单位所能配备的人数；最小工作面即施工班组为保证安全生产和有效地操作所需的工作空间。

工作班制的确定：一般情况下，当工期允许、劳动力和机械设备周转使用不紧迫、施工工艺无连续施工要求时，可采用一班制施工；当工期较紧或为了提高机械的使用率，或工艺上要求连续施工时，某些施工过程可考虑二班制甚至三班制施工。

②经验估算法。针对采用新工艺、新技术、新结构、新材料等无定额可循的工程分项，首先根据经验进行最乐观时间、最可能时间、最悲观时间的估计，然后确定工作持续时间。

③倒排计划法。这种方法是根据流水施工方式及要求工期，先确定工作持续时间再确定班组人数（或机械台数）及工作班制。

（6）编制施工进度计划图（表）

应优先使用网络图，有时也可使用横道图。注意要进行编制说明，要进行进度计划风险分析并制定控制措施。

（7）编制劳动力和物资等资源计划

有了施工进度计划之后，还须依据它编制劳动力、主要材料、预制件、半成品及机械设备需要量计划，资金收支计划。施工过程就是资源的消耗过程，要以资源支持施工，这些计划统称为施工进度计划的支持性计划。

第三节　网络计划技术

一、网络计划技术分类

（一）按工作之间逻辑关系和持续时间的确定程度分类

网络计划技术分为肯定型网络计划和非肯定型网络计划。肯定型网络计划，即工作、工作之间的逻辑关系以及工作持续时间都肯定的网络计划，如关键线路法（CPM）。非肯定型网络计划，即工作、工作之间的逻辑关系和工作持续时间三者中任一项或多项不肯定的网络计划，如计划评审技术（PERT）、图示评审技术（GERT）等。

（二）按网络计划的基本元素——节点和箭线所表示的含义分类

根据网络计划的基本元素——节点和箭线所表示的含义不同，目前，国际上网络计划的基本形式有三种：双代号网络计划、单代号网络计划和单代号搭接网络计划。应该说，单代号网络是单代号搭接网络的一个特例，它的前后工作之间的逻辑关系是完成到开始关系等于零。

（三）按目标分类

网络计划按目标可以分为单目标网络计划和多目标网络计划。只有一个终点节点的网络计划是单目标网络计划，终点节点不止一个的网络计划是多目标网络计划。

（四）按层次分类

根据不同管理层次的需要而编制的范围大小不同、详略程度不同的网络计划，称为分级网络计划。以整个计划任务为对象编制的网络计划，称为总网络计划。以计划任务的某一部分为对象编制的网络计划，称为局部网络计划。

（五）按表达方式分类

以时间坐标为尺度绘制的网络计划，称为时标网络计划。不按时间坐标绘制的网络计划，称为非时标网络计划。目前用得比较多的是双代号时标网络计划。

（六）按反映项目的详细程度分类

概要地描述项目进展的网络，称为概要网络。详细地描述项目进展的网络，称为详细网络。

二、网络计划技术特点

网络计划技术的特点如下：①网络计划把各工作的逻辑关系表达得非常清楚，其实质上表示了项目活动的流程，网络图就是一个工作流程图。网络中的符号与基本工作一一对应，可以容易地看出各个工作的先后顺序或工作间的制约关系。②通过网络分析，能够为项目组织者提供丰富的信息（时间参数）。③十分清晰地判明关键工作。这一点对于计划的调整和实施来说非常重要。④可以很方便地进行工期、成本、资源的优化。⑤可以提高预见性，作为进度风险分析的基础，可以帮助管理和控制项目中的不确定程度，提高项目的应变能力。⑥网络计划方法有普遍的适用性，对于特别复杂的大型项目更显出其优越性。对于复杂的网络计划，网络图的绘制、分析优化和使用往往可以借助计算机来进行。

综合国内外在网络计划技术上的分类和特点，本章重点介绍双代号网络计划、双代号时标网络计划、单代号网络计划和单代号搭接网络计划四种类型。

三、常用网络技术

（一）双代号网络计划

1. 基本概念

箭线（工作）：工作泛指一项须要消耗人力、物力和时间的具体活动过程，也称工序、活动、作业。双代号网络图中，每一条箭线表示一项工作。箭线的箭尾节点 i 表示该工作的开始，箭线的箭头节点 j 表示该工作的完成。工作名称标注在箭线的上方，完成该项工作所需要的持续时间标注在箭线的下方。由于一项工作须用一条箭线和其箭尾、箭头处两个圆圈中的号码来表示，故称为双代号表示法。

节点（又称结点、事件）：是网络图中箭线之间的连接点。在时间上节点表示指向某节点的工作全部完成后该节点后面的工作才能开始的瞬间，它反映前后工作的交接点。网络图中有起点节点、终点节点和中间节点三个类型的节点。

双代号网络图中，节点应用圆圈表示，并在圆圈内编号。一项工作应当只有唯一的一条箭线和相应的一对节点，且要求箭尾节点的编号小于其箭头节点的编号，即 $i < j$。网络图节点的编号顺序应从小到大，可不连续，但不允许重复。

线路：网络图中，从起点节点开始，沿箭头方向顺序通过一系列箭线与节点，最后达到终点节点的通路。在一个网络图中可能有很多条线路，线路中各项工作持续时间之和就是该线路的长度，即线路所需要的时间。一般网络图有多条线路，可依次用该线路上的节点代号来记述。在各条线路中，有一条或几条线路的总时间最长，称为关键线路，一般用双线或粗线标注。其他线路长度均小于关键线路，称为非关键线路。

逻辑关系：网络图中工作之间相互制约或相互依赖的关系。它包括工艺关系和组织关系，在网络中均应表现为工作之间的先后顺序。

2. 绘图规则

（1）双代号网络图必须正确表达已定的逻辑关系。

（2）双代号网络图中，严禁出现循环回路。所谓循环回路是指从网络图中的某一个节点出发，顺着箭线方向又回到了原来出发点的线路。

（3）双代号网络图中，在节点之间严禁出现带双向箭头或无箭头的连线。

（4）双代号网络图中，严禁出现没有箭头节点或没有箭尾节点的箭线。

（5）当双代号网络图的某些节点有多条外向箭线或多条内向箭线时，为使图形简洁，可使用母线法绘制（但应满足一项工作用一条箭线和相应的一对节点表示）。

（6）绘制网络图时，箭线不宜交叉。当交叉不可避免时，可用过桥法或指向法。

（7）双代号网络图中应只有一个起点节点和一个终点节点（多目标网络计划除外），而其他所有节点均应是中间节点。

（8）双代号网络图应条理清楚，布局合理。例如，网络图中的工作箭线尽可能用水平线或斜线；关键线路、关键工作安排在图面中心位置，其他工作分散在两边；避免倒回箭头等。

3. 双代号网络计划时间参数

双代号网络计划时间参数计算的目的在于通过计算各项工作的时间参数，确定网络计划的关键工作、关键线路和计算工期，为网络计划的优化、调整和执行提供明确的时间参数。双代号网络计划时间参数的计算方法很多，常用的有按工作计算法和按节点计算法。

4. 双代号网络时间参数的计算步骤

按工作计算法在网络图上计算六个工作时间参数，必须在清楚计算顺序和计算步骤的基础上列出必要的公式，以加深对时间参数计算的理解。时间参数的计算步骤如下：

（1）最早开始时间和最早完成时间的计算

工作最早时间参数受到紧前工作的约束，故其计算顺序应从起点节点开始，顺着箭线方向依次逐项计算。以网络计划的起点节点为开始节点的工作最早开始时间为零。

（2）确定计算工期

计算工期等于以网络计划的终点节点为箭头节点的各个工作的最早完成时间的最大值。

（3）最迟开始时间和最迟完成时间的计算

工作最迟时间参数受到紧后工作的约束，故其计算顺序应从终点节点起，逆着箭线方向依次逐项计算。以网络计划的终点节点为箭头节点的工作的最迟完成时间等于计划工期。

（4）计算工作总时差

工作总时差等于其最迟开始时间减去最早开始时间，或等于最迟完成时间减去最早完成时间。

5. 关键工作和关键线路的确定

关键工作：网络计划中总时差最小的工作。

关键线路：自始至终全部由关键工作组成的线路，或线路上总的工作持续时间最长的线路。网络图上的关键线路可用双线或粗线标注。

（二）双代号时标网络计划

1. 双代号时标网络计划的特点

双代号时标网络计划是以水平时间坐标为尺度编制的双代号网络计划，其主要特点如下：

（1）时标网络计划兼有网络计划与横道计划的优点，它能够清楚地表明计划的时间进程，使用方便。

（2）时标网络计划能在图上直接显示出各项工作的开始与完成时间、工作的自由时差及关键线路。

（3）在时标网络计划中，可以统计每一个单位时间对资源的需要量，以便进行资源优化和调整。

（4）由于箭线受到时间坐标的限制，当情况发生变化时，对网络计划的修改比较麻烦，往往要重新绘图。但在使用计算机以后，这一问题可以较容易地解决。

2. 双代号时标网络计划的一般规定

（1）双代号时标网络计划必须以水平时间坐标为尺度表示工作时间。时标的时间单位应根据需要在编制网络计划之前确定，可为时、天、周、月或季。

（2）时标网络计划应以实箭线表示工作，以虚箭线表示虚工作，以波形线表示工作的自由时差。

（3）时标网络计划中所有符号在时间坐标上的水平投影位置，都必须与其时间参数相对应。节点中心必须对准相应的时标位置。

（4）时标网络计划中虚工作必须以垂直方向的虚箭线表示，有自由时差时加波形线表示。

3. 时标网络计划的编制

时标网络计划宜按各个工作的最早开始时间编制。在编制时标网络计划之前，应先按已确定的时间单位绘制出时标计划表。

双代号时标网络计划的编制方法有间接法绘制和直接法绘制两种。

（1）间接法绘制

先绘制出时标网络计划，计算各工作的最早时间参数，再根据最早时间参数在时标计划表上确定节点位置，连线完成，某些工作箭线长度不足以到达该工作的完成节点时，用波形线补足。

（2）直接法绘制

根据网络计划中工作之间的逻辑关系及各工作的持续时间，直接在时标计划表上绘制时标网络计划。绘制步骤如下：

第一步：将起点节点定位在时标表的起始刻度线上。

第二步：按工作持续时间在时标计划表上绘制起点节点的外向箭线。

第三步：其他工作的开始节点必须在其所有紧前工作都绘出以后，定位在这些紧前工作最早完成时间最大值的时间刻度上，某些工作的箭线长度不足以到达该节点时，用波形线补足，箭头画在波形线与节点连接处。

第四步：用上述方法从左至右依次确定其他节点位置，直至网络计划终点节点定位，绘图完成。

4. 时标网络计划关键线路和计算工期的确定

（1）时标网络计划关键线路的确定，应自终点节点逆箭线方向朝起点节点逐次进行判定，即从终点到起点不出现波形线的线路就为关键线路。

（2）时标网络计划的计算工期，应是终点节点与起点节点所在位置之差。

（三）单代号网络计划

单代号网络图是以节点及其编号表示工作，以箭线表示工作之间逻辑关系的网络图，并在节点中加注工作代号、名称和持续时间，以形成单代号网络计划。

1. 单代号网络图的特点

单代号网络图与双代号网络图相比，具有以下特点：

（1）工作之间的逻辑关系容易表达，且不用虚箭线，故绘图较简单。

（2）网络图便于检查和修改。

（3）由于工作持续时间表示在节点之中，没有长度，故不够形象直观。

（4）表示工作之间逻辑关系的箭线可能产生较多的纵横交叉现象。

2. 单代号网络图的基本符号

（1）节点

单代号网络图中的每一个节点表示一项工作，节点宜用圆圈或矩形表示。节点所表示的工作名称、持续时间和工作代号等应标注在节点内。

单代号网络图中的节点必须编号。编号标注在节点内，其号码可间断，但严禁重复。箭线的箭尾节点编号应小于箭头节点的编号。一项工作必须有唯一的节点及相应的一个编号。

（2）箭线

单代号网络图中的箭线表示紧邻工作之间的逻辑关系，既不占用时间，也不消耗资源。箭线应画成水平直线、折线或斜线。箭线水平投影的方向应自左向右，表示工作的行进方向。工作之间的逻辑关系包括工艺关系和组织关系，在网络图中均表现为工作之间的先后顺序。

（3）线路

单代号网络图中，各条线路应用该线路上的节点编号从小到大依次表述。

3. 单代号网络图的绘图规则

单代号网络图的绘图规则大部分与双代号网络图的绘图规则相同，故不再进行解释。

4. 单代号网络计划时间参数的计算

单代号网络计划时间参数的计算应在确定各项工作的持续时间之后进行。时间参数的计算顺序和计算方法基本上与双代号网络计划时间参数的计算步骤相同，所不同的是单代号网络计划时间参数的标注形式不一样。

计算工作的最早开始时间和最早完成时间。工作的最早开始时间从网络计划的起始节点开始，顺着箭头方向依次逐项计算。

（四）单代号搭接网络计划

单代号搭接网络计划是以节点表示工作，箭线及其上面的时距符号表示相邻工作间的逻辑关系的网络图。工作名称和工作持续时间标注在节点圆圈内，工作的时间参数标注在圆圈的上下，而工作之间的时间参数标注在联系箭线的上下方。

第四节　项目进度控制方法

一、横道图比较法

项目进度控制的目的是通过实际与计划进度进行比较，得出实际进度较计划要求超前或滞后的结论，并进一步判定计划完成程度，以及通过预测后期建设项目进度从而对计划能否如期完成做出事先估计等。横道图比较法是指将项目实施过程中检查实际进度收集到的信息，经整理后直接用横道线并列于原计划的横道线处，以便进行直观比较的方法。

横道图比较法还包括双比例单侧横道图比较法和双比例双侧横道图比较法两种形式。两方法的相同之处是在工作计划横道线上下两侧作两条时间坐标线，并在两坐标线内侧逐日（或每隔一个单位时间）分别书写与记载相应工作的计划与实际累计完成比例，即形成所谓的“双比例”。其不同之处是前一种方法用单侧附着于计划横道线的涂黑粗线表示相应工作的实际起止时间与持续天数；后一种方法则是以计划横道线的涂黑粗线表示相应工作的实际起止时间与持续天数，即以计划横道线总长表示计划工作量的100%，再将每日（或每单位时间）实际完成的工作量占计划工作总量的百分比逐一用相应比例长度的涂黑粗线交替画在计划横道线的上下两侧，从而借以直观反映计划执行过程中每日（或每一单位时间内）实际完成工作量的数量比例。

二、S 形曲线比较法

从整个项目进展的全过程看，单位时间内完成的工作任务量一般都随着时间的递进而呈现出两头少、中间多的分布规律，即工程的开工和收尾阶段完成的工作任务量少而中间阶段完成的工作任务量多。这样以横坐标表示进度时间、以纵坐标表示累计完成工作任务量而绘制出来的曲线将是一条 S 形曲线。S 形曲线比较法就是将进度计划确定的计划累计完成工作任务量和实际累计完成工作任务量分别绘制成 S 形曲线，并通过两者的比较以判断实际进度与计划进度相比是超前还是滞后，以及得出其他各种有关进度信息的进度计划执行情况的检查方法。

三、香蕉形曲线比较法

根据工程网络计划的原理，网络计划中的任何一项工作均可具有最早可以开始和最迟必须开始这两种不同的开始时间，而通过S形曲线比较法可知，一项计划工作任务随着时间的推移其逐日累计完成的工作任务量可以用S形曲线表示。于是，内含于工程网络计划中的任何一项工作，其逐日累计完成的工作任务量就必然都可以借助于两条S形曲线概括表示：其一是按工作的最早可以开始时间安排计划进度而绘制的S形曲线，称为ES曲线；其二是按工作的最迟必须开始时间安排计划进度而绘制的S形曲线，称为LS曲线。由于两条曲线除在开始点和结束点相互重合以外，ES曲线上的其余各点均落在LS曲线的左侧，从而使得两条曲线围合成一个形如香蕉的闭合曲线圈，故将其称为香蕉形曲线。

通常在项目实施的过程中，进度管理的理想状况是在任一时刻按实际进度描出的点均落在香蕉形曲线区域内，因为这说明实际工程进度被控制于工作的最早可以开始时间和最迟必须开始时间的要求范围之内，因而呈现正常状态；而一旦按实际进度描出的点落在ES曲线的上方（左侧）或LS曲线的下方（右侧），则说明与计划要求相比实际进度超前或滞后，此时已产生进度偏差。除了对工程的实际与计划进度进行比较，香蕉形曲线的作用还在于对工程实际进度进行合理的调整与安排，或确定在计划执行情况检查状态下后期工程的ES曲线和LS曲线的变化趋势。

四、前锋线比较法

前锋线比较法是一种适用于时标网络计划的实际与计划进度的比较方法。前锋线是指从计划执行情况检查时刻的时标位置出发，经依次连接时标网络图上每一工作箭线的实际进度点，在最终结束于检查时刻的时标位置而形成的对应于检查时刻各项工作实际进度前锋点位置的折线（一般用点画线标出），故前锋线又可称为实际进度前锋线。

简而言之，前锋线比较法就是借助于实际进度前锋线比较工程实际与计划进度偏差的方法。

必须加以说明的是，在应用前锋线比较法的过程中，实际进度前锋点的标注方法通常有两种：其一是按已完工程量实物量标定；其二是按工作尚需的作业天数来进行标定。通常后一种方法更为常用。

（一）比较实际与计划进度

对应于任意检查日期，工作实际进度点位置与检查日时间坐标相同，则被检查工作实际与计划进度一致；而当其位于检查日时间坐标右侧或左侧，则表明被检查工作实际进度超前或滞后，其超前或滞后天数则为实际进度点所在位置与检查日两者之间的时间间隔。

（二）分析工作的实际进度能力

工作进度能力是指按当前实际进度状况完成计划工作的能力。工作的实际进度能力可用工作进度能力系数表示。工作进度能力系数取值大于、小于或等于 1 分别表示按当前实际进度能充分满足、不能满足或恰好满足相应的工作按计划进度如期完成的需要。因此，工作的实际进度能力分析对项目进度管理具有重要意义。

（三）预测工作进度

假定维持到检查日期，测算得出的当前实际进度能力。当然，用上述方法预测工作进度须假设每日完成的工作任务量均以均匀速度进展，这就可能因与前期和收尾阶段完成工作量少而中间阶段完成工作量多的实际情况不符，导致预测结果出现较大的偏差。

五、列表比较法

列表比较法是通过将截止某一检查日期工作的尚有总时差与其原有总时差的计算结果列于表格之中进行比较，以判断工程实际进度与计划进度相比超前或滞后情况的方法。

由网络计划原理可知，工作总时差是在不影响整个工程任务按原计划工期完成的前提下该项工作在开工时间上所具有的最大选择余地，因而到某一检查日期各项工作尚有总时差的取值，实际上标志着工作进度偏差及能否如期完成整个工程进度计划的不同情况。

工作尚有总时差可定义为检查日到此项工作的最迟必须完成时间的尚余天数与自检查日算起该工作尚需的作业天数两者之差。将工作尚有总时差与原有总时差进行比较而形成的进度计划执行情况检查的具体结论可归纳如下：①若工作尚有总时差大于原有总时差，则说明该工作的实际进度比计划进度超前，且超前天数为两者之差；②若工作尚有总时差等于原有总时差，则说明该工作的实际进度与计划进度一致；③若工作尚有总时差小于原有总时差但仍为正值，则说明该工作的实际进度比计划进度滞后但计划工期不受影响，此时工作实际进度的滞后天数为两者之差；④若工作尚有总时差小于原有总时差且已为负值，则说明该工作的实际进度比计划进度滞后且计划工期已受影响，此时工作实际进度的滞后天数为两者之差，而计划工期的延迟天数则与工序尚有总时差天数相等。

第五节　项目进度计划的实施与调整

一、项目进度计划的实施

（一）项目进度计划实施的原则

1. 系统性原则

项目是个总体，要保证项目按合同工期要求实现，应从总体目标要求出发，建立计划体系，使项目总进度计划、分部分项工程进度计划和月（旬）作业计划互相衔接、互为条件，组成一个计划实施保证体系，最后以实施任务书的方式下达给队（组）以保证实施。

2. 透明性原则

项目进度计划实施前，要进行技术、组织、经济内容（要求）的“交底”，提高透明度，使管理层与作业层一致，并在此基础上提出实施计划的技术、组织措施。

3. 管理标准化原则

项目进度计划的实施是一项例行性的工作，有制度做保证，应有一套工作规范，不能带随意性，不能以主观代替工作规律。

（二）项目进度计划实施的工作内容

1. 编制月（旬）作业计划和项目任务书

项目作业计划是根据项目经营目标、进度计划和现场情况编制的月以下的具体执行计划，能够确保项目进度计划的实施。项目进度计划是实施前编制的，用于指导具体实施，但毕竟还是比较粗的，而且现场情况在不断变化，因此，执行中须编制作业计划使其具体化和切合实际。

项目任务书是将作业计划下达到班组进行责任承包，并将计划执行与技术管理、质量管理、承包核算、原始记录、资源管理等融为一体的技术经济文件，是班组进行施工的“法规”，首先必须保证作业计划的实现。所以，它是计划和实施两个环节的纽带。

2. 做好记录，掌握现场实施的实际情况

“记录”就是如实记载计划执行中每个工序的开始日期、工作进程和结束日期。其作用是为了计划实施的检查、分析、调整和总结提供原始资料。因此，有三项基本要求：一是要跟踪记录；二是要如实记录；三是要借助图表形成记录文件。

3. 做好调度工作

调度工作是正确指挥施工的重要手段，是组织施工各环节、各专业、各工种协调动作的核心方法。它的主要任务是掌握计划实施情况，协调关系，采取措施，排除实施中出现的各种矛盾，克服薄弱环节，实现动态平衡，保证作业计划进度控制目标的实现。

4. 项目进度计划的检查

项目进度计划检查的内容是在进度计划执行记录的基础上，将实际执行结果与原计划的规定进行比较，比较的内容包括开始时间、结束时间、持续时间、逻辑关系、实物量或工作量、总工期、网络计划的关键线路及时差利用等。

5. 检查结果的分析处理

项目施工进度检查要建立报告制度。进度报告，是项目执行过程中，把有关项目业务的现状和将来发展趋势，以最简练的书面报告形式提供给项目经理及各业务职能部门负责人。

二、进度计划控制措施

进度控制的目的就是通过控制以实现项目的进度目标，即使项目实际完成时间不超过计划完成时间。进度控制所涉及的时间覆盖范围从项目立项至项目正式动用，所涉及的项目覆盖范围包括与项目动用有关的一切子项目（包括主体工程、附属工程、道路及管线工程等），所涉及的单位覆盖范围包括设计、科研、材料供应、购配件供应、设备供应、施工安装单位及审批单位等，因此影响进度的因素相当多，进度控制中的协调量也相当大。在项目实施过程中经常出现进度偏差，即实际进度偏离计划进度，须采取相关措施进行控制和调整。

进度控制措施主要包括组织措施、管理措施（包括合同措施）、经济措施和技术措施。

（一）组织措施

组织是目标能否实现的决定性因素，因此进度纠偏措施应重视相应的组织措施。进度纠偏的组织措施主要包括以下内容：①健全项目管理的组织体系，如需要，可根据具体情况调整组织体系，避免项目组织中的矛盾，多沟通。②在项目组织结构中应有专门的工作部门和符合进度控制岗位资格的专人负责进度控制工作，根据需要还可以加强进度控制部门的力量。③对于相关技术人员和管理人员，应尽可能加强教育和培训；工作中采用激励机制，例如奖金、小组精神发扬、个人负责制和目标明确等。④进度控制的主要工作环节包括进度目标的分析和论证、编制进度计划、定期跟踪进度计划的执行情况、采取纠偏措施，以及调整进度计划，检查这些工作任务和相应的管理职能是否在项目管理组织设计的任务分工表和管理职能分工表中标示并落实。⑤编制项目进度控制的工作流程，如确定项目进度计划系统的组成，各类进度计划的编制程序、审批程序和计划调整程序等，并检查这些工作流程是否得到严格落实，是否根据需要进行调整。⑥进度控制工作包含了大量的组织和协调工作，而会议是组织和协调的重要手段，因此可进行有关进度控制会议的组织设计，明确会议的类型，各类会议的主持人、参加单位和人员，各类会议的召开时间，各类会议文件的整理、分发和确认等。

（二）管理措施

工程项目进度控制纠偏的管理措施涉及管理的思想、管理的方法、管理的手段、承发包模式、合同管理和风险管理等。在理顺组织的前提下，科学和严谨的管理显得十分重要。在建设项目进度控制中，项目参与单位在管理观念方面可能会存在以下可能导致进度拖延的问题：①缺乏进度计划系统的观念，分别编制各种独立而互不联系的计划，形成不了计划系统；②缺乏动态控制的观念，只重视计划的编制，而不重视及时地进行计划的动态调整；③缺乏进度计划多方案比较和选优的观念，合理的进度计划应体现资源的合理使用、工作面的合理安排，有利于提高建设质量，有利于文明施工和有利于合理地缩短建设周期等方面。

进度控制的管理措施主要包括以下四方面：①采用工程网络计划方法进行进度计划的编制和实施控制。如进度出现偏差时可改变网络计划中活动的逻辑关系。如将前后顺序工作改为平行工作，或采用流水施工的方法；将一些工作包合并，特别是关键线路上按先后顺序实施的工作包的合并，与实施者一起研究，通过局部地调整实施过程和人力、物力的分配，达到缩短工期的目的。②承发包模式的选择直接关系到工程实施的组织和协调，因此应选择合理的合同结构，以避免过多的合同交界面而影响工程的进展。工程物资的采购模式对进度也有直接的影响，对此应做比较分析。③分析影响工程进度的风险，并在分析的基础上采取风险管理措施，以减少进度失控的风险量。常见的影响工程进度的风险包括组织风险、管理风险、合同风险、资源（人力、物力和财力）风险和技术风险等。④利用信息技术（包括相应的软件、局域网、互联网以及数据处理设备）辅助进度控制。虽然信息技术对进度控制而言只是一种管理手段，但它的应用有利于提高进度信息处理的效率、提高进度信息的透明度、促进进度信息的交流和项目各参与方的协同工作。尤其是对一些大型建设项目，或者空间位置比较分散的项目，采用专业进度控制软件有助于进度控制的实施。

（三）经济措施

工程项目进度控制的经济措施主要涉及资金需求计划、资金供应的条件和经济激励措施等。经济措施主要包括以下主要内容：①编制与进度计划相适应的资源需求计划（资源进度计划），包括资金需求计划和其他资源（人力和物力资源）需求计划，以反映工程实施的各时段所需要的资源。通过资源需求的分析，可发现所编制的进度计划实现的可能性，若资源条件不具备，则应调整进度计划。资金供应条件包括可能的资金总供应量、资金来源（自有资金和外来资金）以及资金供应的时间。②在工程预算中考虑加快工程进度所需要的资金，其中包括为实现进度目标将要采取的经济激励措施等所需要的费用。

（四）技术措施

工程项目进度控制的技术措施涉及对实现进度目标有利的设计技术和施工技术的选用：①不同的设计理念、设计技术路线、设计方案会对工程进度产生不同的影响，在设计工作的前期，特别是在设计方案评审和选用时，应对设计技术与工程进度的关系做分析比较。在工程进度受阻时，应分析是否存在设计技术的影响因素，以及为实现进度目标有无设计变更的可能性。②施工方案对工程进度有直接的影响，在选用时，不仅要分析技术的先进性和经济合理性，还应考虑其对进度的影响。在工程进度受阻时，应分析是否存在施工技术的影响因素，为实现进度目标有无改变施工技术、施工方法和施工机械的可能性，如增加资源投入或重新分配资源、改善工器具以提高劳动效率和修改施工方案（如将现浇混凝土改为场外预制、现场安装）等。

三、项目进度的调整

（一）调整的方法

项目实施过程中经常发生工期延误，发生工期延误后，通常应采取积极的措施赶工以弥补或部分地弥补已经产生的延误。主要通过调整后期计划、采取措施赶工、修改（调整）原网络进度计划等方法解决进度延误问题。发现工期延误后，如任其发展或不及时采取措施赶工，拖延的影响会越来越大，最终必然会损害工期目标和经济效益。有时刚开始仅一周多的工期延误，如任其发展或采取的是无效的措施，到最后可能会导致拖期一年的结果，所以进度调整应及时有效。调整后编制的进度计划应及时下达执行。

1. 利用网络计划的关键线路进行调整

（1）关键工作持续时间的缩短，可以减小关键线路的长度，即可以缩短工期，要有目的地去压缩那些能缩短工期的工作的持续时间，解决此类问题最接近于实际需要的方法是选择法，此方法综合考虑压缩关键工作的持续时间对质量的影响、对资源的需求增加等多种因素，对关键工作进行排序，优先缩短排序靠前即综合影响小的工作的持续时间，具体方法见相关教材网络计划“工期优化”。

（2）一切生产经营活动简单来说都是“唯利是图”，压缩工期通常都会引起直接费用支出的增加，在保证工期目标的前提下，如何使相应追加费用的数额最小呢？关键线路上的关键工作有若干个，在压缩其持续时间上，显然有一个次序排列的问题须要解决，其原理与方法见相关教材网络计划“工期—成本优化”。

2. 利用网络计划的时差进行调整

（1）任何进度计划的实施都受到资源的限制，计划工期的任何时段，如果资源需要量超过资源最大供应量，那这样的计划是没有任何意义的，它不具有实践的可能性，不能被执行。受资源供给限制的网络计划调整是利用非关键工作的时差来进行，具体方法见相关教材网络计划“资源最大—工期优化”。

（2）项目均衡实施，是指在进度开展过程中所完成的工作量和所消耗的资源量尽可能保持得比较均衡。反映在支持性计划中，是工作量进度动态曲线、劳动力需要量动态曲线和各种材料需要量动态曲线尽可能不出现短时期的高峰和低谷。工程的均衡实施优点很多，可以节约实施中的临时设施等费用支出，经济效果显著。使资源均衡的网络计划调整方法是利用非关键工作的时差来进行，具体方法见相关教材网络计划“资源均衡—工期优化”。

（二）调整的内容

进度计划的调整，以进度计划执行中的跟踪检查结果进行，调整的内容包括以下六方面：①工作内容；②工作量；③工作起止时间；④工作持续时间；⑤工作逻辑关系；⑥资源供应。

可以只调整六项中一项，也可以同时调整多项，还可以将几项结合起来调整，以求综合效益最佳。只要能达到预期目标，调整越少越好。

1. 关键路线长度的调整

（1）当关键线路的实际进度比计划进度提前时，首先要确定是否对原计划工期予以缩短。如果不拟缩短，可以利用这个机会降低资源强度或费用，方法是选择后续关键工作中资源占用量大的或直接费用高的予以适当延长，延长的长度不应超过已完成的关键工作提前的时间量，以保证关键线路总长度不变。

（2）当关键线路的实际进度比计划进度落后（拖延工期）时，计划调整的任务是采取措施赶工，把失去的时间抢回来。

2. 非关键工作时差的调整

时差调整的目的是充分或均衡地利用资源，降低成本，满足项目实施需要，时差调整幅度不得大于计划总时差值。

须注意非关键工作的自由时差，它只是工作总时差的一部分，是不影响今后工作最早可能开始时间的机动时间。在项目实施工程中，如果发现正在开展的工作存在自由时差，一定要考虑是否须要立即利用，如把相应的人力、物力调整支援关键工作或调整到别的工程区号上去等，因为自由时差不用“过期作废”，关键是进度管理人员要有这个意识。

3. 增减工作项目

增减工作项目均不应打乱原网络计划总的逻辑关系。由于增减工作项目，只能改变局部的逻辑关系，此局部改变不影响总的逻辑关系。增加工作项目，只是对原遗漏或不具体的逻辑关系进行补充；减少工作项目，只是对提前完成了的工作项目或原不应设置而设置了的工作项目予以删除。只有这样才是真正调整而不是“重编”。增减工作项目之后应重新计算时间参数，以分析此调整是否对原网络计划工期产生影响，如有影响应采取措施消除。

4. 逻辑关系调整

工作之间逻辑关系改变的原因必须是施工方法或组织方法改变。但一般来说，只能调整组织关系，而工艺关系不宜调整，以免打乱原计划。

5. 持续时间的调整

在这里，工作持续时间调整的原因是指原计划有误或实施条件不充分。调整的方法是重新估算。

6. 资源调整

资源调整应在资源供应发生异常时进行。所谓异常，即因供应满足不了需要，导致工程实施强度（单位时间完成的工程量）降低或者实施中断，影响了计划工期的实现。

第五章　电力工程招标与合同管理

第一节　电力工程项目招投标管理

一、电力工程项目施工招标程序

（一）招标活动的准备工作

1. 招标必须具备的基本条件

依法必须招标的工程建设项目，应当具备如下条件：①招标人已经依法成立；②初步设计及概算应当履行审批手续的，已经批准；③招标范围、招标方式和招标组织形式等应当履行核准手续的，已经核准；④有相应资金或资金来源已落实；⑤有招标所需的设计图纸及技术资料。

2. 确定招标方式

对于公开招标和邀请招标两种方式，国务院发展计划部门确定的国家重点建设项目和各省、自治区、直辖市人民政府确定的地方重点项目，以及全部使用国有资金投资或国有资金投资占控股或主导地位的工程建设项目，应当公开招标；有下列情况之一的，经批准可以进行邀请招标：①受自然地域环境限制的；②涉及国家安全、国家秘密或者抢险救灾，适宜招标但不宜公开招标的；③项目技术复杂或有特殊要求，只有少数几家潜在投标人可供选择的；④拟公开招标的费用与项目的价值相比，不值得的；⑤法律、法规规定不宜公开招标的。

3. 标段的划分

招标项目需要划分标段的，招标人应当合理划分标段。一般情况下，一个项目应当作为一个整体进行招标。但对于大型的项目，作为一个整体进行招标将大大降低招标的竞争性，由于符合招标条件的潜在投标人数量太少，这样就应当将招标项目划分成若干个标段分别进行招标。但也不能将标段划分得太小，太小的标段将失去对实力雄厚的潜在投标人的吸引力。如建设项目的施工招标，一般可将一个项目分解为单位工程及特殊专业工程分别招标，但不允许将单位工程肢解为分部、分项工程进行招标。

（二）资格预审公告或招标公告的编制与发布

招标公告是指采用公开招标方式的招标人（包括招标代理机构）向所有潜在的投标人发出的一种广泛的通告。招标公告的目的是使所有潜在的投标人都具有公平的投标竞争的机会。按照中华人民共和国《标准施工招标文件》的规定，如果在公开招标过程中采用资格预审程序，可用资格预审公告代替招标公告，资格预审后不再单独发布招标公告。

（三）资格审查

资格审查可分为资格预审和资格后审。资格预审是指在投标前对潜在投标人进行资质条件、业绩、信誉、技术、资金等多方面情况的资格审查，而资格后审是指在开标后对投标人进行的资格审查。采取资格预审的，招标人应在资格预审文件中载明资格预审的条件、标准和方法；采取资格后审的，招标人应在招标文件中载明对投标人资格要求的条件、标准和方法。招标人不得改变载明的资格条件，或者以没有载明的资格条件对潜在投标人或者投标人进行资格审查。除了招标文件另有规定外，进行资格预审的，一般不再进行资格后审。资格预审和后审的内容与标准是相同的。

（四）编制和发售招标文件

招标文件应包括招标项目的技术要求、对投标人资格审查的标准、投标报价要求和评标标准等所有实质性要求和条件，以及拟签合同的主要条款。建设项目施工招标文件是由招标人（或其委托的咨询机构）编制、由招标人发布的，既是投标单位编制投标文件的依据，也是招标人与将来中标人签订工程承包合同的基础，招标文件中所提出的各项要求，对整个招标工作乃至承包发包双方都有约束力。

1. 施工招标文件的编制内容

（1）招标公告（或投标邀请书）。当未进行资格预审时，招标文件中应包括招标公告。

（2）投标人须知。其主要包括对于项目概况的介绍和招标过程的各种具体要求，在正文中的未尽事宜可通过投标人须知前附表进行进一步明确，由招标人按照招标项目具体特点和实际需要编制和填写。

（3）评标办法。评标办法可选择经评审的最低投标价法和综合评估法。

（4）合同条款及格式。包括本工程拟采用的通用合同条款、专用合同条款及各种合同附件的格式。

（5）工程量清单（招标控制价）。工程量清单是招标人编制招标控制价和投标人编制投标价的重要依据。如根据规定应编制招标控制价的项目，其招标控制价也应在招标时一并公布。

（6）图纸。图纸是指应由招标人提供的用于计算招标控制价和投标人计算投标报价所必需的各种详细程度的图纸。

（7）技术标准和要求。招标文件规定的各项技术标准应符合国家强制性规定。

（8）投标文件格式。提供各种投标文件编制应依据的参考格式。

（9）规定的其他材料。

2. 招标文件的发售、澄清与修改

（1）招标文件的发售。招标文件一般发售给通过资格预审、获得投标资格的投标人。投标人在收到投标文件之后，应认真核对，核对无误后应以书面形式予以确认。

（2）招标文件的澄清。投标人应仔细阅读和检查招标文件的全部内容。如果发现缺页或附件不全，应及时向招标人提出，以便补齐。如果有疑问，应在规定的时间前以书面形式要求招标人对招标文件予以澄清。

（3）招标文件的修改。招标人对已发出的招标文件进行必要的修改。在投标截止时间15 d前，招标人可以通过书面的形式修改招标文件，并通知所有已购买招标文件的投标人。

（五）踏勘现场与召开投标预备会

1. 踏勘现场

招标人按照招标项目的具体情况，可以组织投标人踏勘项目现场，向其介绍工程场地和相关环境的有关情况。招标人不得单独或者分别组织任何一个投标人进行现场踏勘。

（1）招标人组织投标人进行踏勘现场的目的在于了解工程场地及周围环境情况，以获取投标人认为有必要的信息。为便于投标人提出问题并得到解答，踏勘现场一般安排在投标预备会前的一到两天。

（2）投标人在踏勘现场中如有疑问，应在投标预备会前以书面形式向招标人提出，但应给招标人留有解答时间。

2. 召开投标预备会

投标人在领取招标文件、图纸和有关技术资料及踏勘现场后提出的疑问，招标人可通过以下方式进行解答：

（1）收到投标人提出的疑问之后，应以书面形式进行解答，并将解答同时送达所有获得招标文件的投标人。

（2）收到提出的疑问之后，通过投标预备会进行解答，并以书面形式同时送达所有获得招标文件的投标人。

（六）建设项目施工投标

1. 投标人的资格要求

投标人是响应招标、参加投标竞争的法人或其他组织。招标人的任何不具独立法人资格的附属机构（单位），或为招标项目的前期准备或监理工作提供设计、咨询服务的任何法人及其任何附属机构（单位），都无资格参加该招标项目的投标。

2. 投标文件的编制与递交

（1）投标人应当根据招标文件的要求编制投标文件。投标文件应当包括下列内容：①投标函及投标函附录；②法定代表人身份证明或附有法定代表人身份证明的授权委托书；③联合体协议书（如工程允许采用联合体投标）；④投标确保金；⑤已标价工程量清单；⑥施工组织设计；⑦项目管理机构；⑧拟分包项目情况表；⑨资格审查资料；⑩规定的其他材料。

（2）投标文件编制时应遵循的规定。①投标文件应按照“投标文件格式”进行编写，如有必要，可以增加附页，作为投标文件的组成部分。②投标文件应当对招标文件有关工期、投标有效期、质量要求、技术标准和要求、招标范围等实质性内容做出响应。③投标文件应由投标人的法定代表人或其委托代理人签字或盖单位章。委托代理人签字的，投标文件应附法定代表人签署的授权委托书。

（3）投标文件的递交。投标人应当在招标文件规定的提交投标文件的截止时间前，将投标文件密封送至投标地点。招标人收到招标文件之后，应当向投标人出具标明签收人和签收时间的凭证，在开标之前任何单位和个人不得开启投标文件。在招标文件要求提交投标文件的截止时间后送达或未送达指定地点的投标文件，为无效的投标文件，招标人不予受理。有关投标文件的递交还应注意下列问题：①投标人在递交投标文件的同时，应按规定的金额、担保形式和投标确保金格式递交投标确保金，并作为其投标文件的组成部分。投标确保金的数额不得超过投标总价的2%，且最高不超过80万元。②投标有效期。投标有效期从投标截止时间起开始计算，主要用作组织评标委员会评标、招标人定标、发出中标通知书，以及签订合同等工作。一般项目投标有效期为60～90 d，大型项目为120 d左右。投标确保金的有效期应与投标有效期保持一致。

3. 联合体投标

两个以上法人或者其他组织可以组成一个联合体，以一个投标人的身份共同投标。联合体投标须遵循以下规定：①联合体各方应按招标文件提供的格式签订联合体协议书，明确联合体牵头人和各方权利义务，牵头人代表联合体成员负责投标和合同实施阶段的主办、协调工作，并应向招标人提交由所有联合体成员法定代表人签署的授权书。②联合体各方签订共同投标协议后，不得再以自己名义单独投标，也不得组成新的联合体或参加其他联合体在同一项目中投标。③联合体各方应具有承担本施工项目的资质条件、能力和信誉，通过资格预审的联合体，其各方组成结构或职责以及财务能力、信誉情况等资格条件不得改变。④由同一专业的单位组成的联合体，根据资质等级较低的单位确定资质等级。⑤联合体投标的，应当以联合体各方或者联合体中牵头人的名义提交投标确保金。以联合体中牵头人名义提交的投标确保金，对联合体各成员具有约束力。

（七）开标、评标、定标、签订合同

在建设项目施工招投标中，开标、评标和定标是招标程序中极为重要的环节。只有做出客观、公正的评标、定标，才能够最终选择最合适的承包人，从而顺利进入建设项目施工的实施阶段。我国相关法规中，对于开标的时间和地点、出席开标会议的一系列规定、开标的顺序及废标等，对于评标原则和评标委员会的组建、评标程序和方法，对于定标的条件和做法，均做出了明确、清晰的规定。选定中标单位后，应当在规定的时限内与其完成合同的签订工作。

二、项目施工开标、评标与定标

（一）开标

1. 开标的时间和地点

开标应在招标文件确定的提交投标文件截止时间的同一时间公开进行。开标地点应当为招标文件中投标人须知前附表中预先确定的地点。

2. 出席开标会议的规定

开标由招标人主持，并邀请所有投标人的法定代表人或其委托代理人准时参加。招标人可以在投标人须知前附表中对此做进一步说明，同时明确投标人的法定代表人或其委托代理人不参加开标的法律后果，一般不应以投标人不参加开标为由将其投标做废标处理。

3. 开标程序

主持人按下列程序进行开标：①宣布开标纪律；②公布在投标截止日期前递交投标文

件的投标人名称，并点名确认投标人是否派人到场；③宣布开标人、唱标人、记录人、监标人等有关人员姓名；④根据投标人须知前附表规定检查投标文件的密封情况；⑤根据投标人须知前附表的规定确定并宣布投标文件开标顺序；⑥设有标底的，公布标底；⑦根据宣布的开标顺序当众开标，公布投标人名称、标段名称、投标确保金的递交情况、投标报价、质量目标、工期及其他内容，并记录在案；⑧投标人代表、招标人代表、监标人、记录人等有关人员在开标记录上签字确认；⑨开标结束。

4. 招标人不予受理的投标

投标文件有下列情形之一的，招标人不予受理：①逾期送达的或者未送达指定地点的；②未按招标文件要求密封的。

（二）评标

评标是对各投标书优劣的比较，由评标委员会负责评标工作，其目的是确定最终中标人。

1. 评标原则

评标人员应当根据招标文件确定的评标标准和评标方法，对投标文件进行评审与比较，应当本着实事求是的原则，不得带有任何主观意愿和偏见，高质量、高效率完成评标工作，并且应当遵循以下原则：①认真阅读招标文件，严格根据招标文件规定的要求和条件对投标文件进行评审；②公正、公平、科学合理；③质量好、信誉高、价格合理、工期适当、施工方案先进可行；④规范性和灵活性相结合。

2. 评标要求

（1）组建的评标委员会的要求

评标委员会应当由招标人的代表及有关技术、经济等方面的专家组成，成员人数为5人以上单数。其中，招标人、招标代理机构以外的技术、经济等方面专家不得少于成员总数的2/3。评标委员会的专家成员应当由招标人从建设行政主管部门及其他有关政府部门确定的专家名册或工程招标代理机构的专家库内相关专业的专家名单中确定。确定专家成员应当采取随机抽取的方式；与投标人有利害关系的人不得进入评标委员会，已经进入的应当更换，确保评标的公平与公正。评标委员会成员有下列情形之一的，应回避：①招标或投标主要负责人的近亲属；②与投标人有经济利益关系，可能影响对投标公正评审的；③项目主管部门或者行政监督部门的人员；④曾由于在招标、评标及其他与招标投标有关活动中从事违法行为而受过行政处罚或刑事处罚的。

评标委员会的所有成员不得收受他人的财物或其他好处，不得向他人透露对投标文件的评审和比较、中标候选人的推荐情况及评标有关的其他情况。在评标活动当中，评标委员会成员不得擅离职守，影响评标程序正常进行，不得使用“评标办法”没有规定的评审因素与评审标准进行评标。

（2）评标中对相关各方的纪律要求

①对招标人的纪律要求。招标人不得泄露招标投标活动中应保密的情况与资料，不得与投标人串通损害国家利益、社会公共利益或者他人合法权益。

②对投标人的纪律要求。投标人不得相互串通投标或与招标人串通投标，不得向招标人或评标委员会成员行贿谋取中标，不得以他人的名义投标或者以其他方式弄虚作假骗取中标；投标人不得以任何方式干扰和影响评标工作。

③对与评标活动有关的工作人员的纪律要求。与评标活动有关的工作人员不得收受他人的财物或其他好处，不得向他人透露对投标文件的评审和比较、中标候选人的推荐情况及评标有关的其他情况。在评标活动当中，与评标活动有关的工作人员不得擅离职守，影响评标程序正常进行。

3. 评标程序

（1）初步评审

初步评审是对投标书的响应性审查，这个阶段不是比较各投标书的优劣，而是以投标文件作为依据，检查各投标书是否为响应性投标，并确定投标书的有效性。初步评审从投标书中筛选出符合要求的合格投标书，剔除无效投标与严重违法的投标书，从而减少详细评审的工作量，确保评审工作的顺利进行。

（2）详细评审

评标委员应当对各投标书方案和计划实行实质性评价与比较。在评审时，不应再采用招标文件中要求投标人考虑因素以外的任何条件作为标准。对于设有标底的，在评标时，应参考标底。详细评审一般分为两个步骤进行：首先，对各投标书进行技术和商务方面的审查，评定其合理性，以及若将合同授予该投标人在履行过程中可能给招标人带来风险。评标委员会在认为必要时，可单独约请投标人对标书中含义不明确的内容做必要的澄清或说明，但澄清或说明不得超出投标文件的范围或改变投标文件的实质性内容。澄清内容应当整理成文字材料，作为投标书的组成部分。其次，在对标书审查的基础上，评标委员会依据评标规则量化比较各投标书的优劣，并编写评标报告。

（3）评标报告

评标委员会在完成评标之后，应当向招标人提出书面评标结论性报告，作为定标的主要依据。评标报告一般包括：①评标情况和数据表；②评标委员会成员名单；③开标记录；④评标标准、评标方法或者评标因素一览表；⑤符合要求的投标一览表；⑥废标情况说明；⑦经评审的价格或者评分比较一览表；⑧经评审的投标人排序；⑨推荐的中标候选人名单与签订合同前要处理的事项；⑩澄清、说明、补正事项纪要。

4. 评标方法

由于电力工程规模不同、各类招标的标的不同，评审方法一般分为定性评审和定量评审两大类。对于标的额较小的中小型工程评标，可以采用定性比较的专家评议法，评标委员会对各标书共同分项进行认真分析比较后，以协商和投票的方式，确定候选中标人。这种评标方法的评标过程简单，在较短时间内即可完成，但科学性较差。对大型工程应采用"综合评分法"或"评标价法"对各投标书进行科学量化比较。综合评分法主要是将评审内容分类后分别赋予不同权重，评标委员会按照评分标准，对各类内容细分的小项进行相应的打分，再计算累计分值反映投标人的综合水平，以得分最高的投标书为最优。评标价法是指评审过程中以该标书的报价为基础，将报价之外须评定的要素根据预先规定的折算办法，换算为货币价值，按照对招标人有利或不利的原则在投标价上增加或减少一定金额，最终构成评标价格。应当注意的是，"评标价"既不是投标价，也不是中标价，只是用价格指标作为评审标书优劣的衡量方法，评标价最低的投标书为最优。在定标签订合同时，仍以投标报价作为中标的合同价。

（三）定标

1. 中标候选人的确定

除招标文件中特别规定了授权评标委员会直接确定中标人外，招标人应当依据评标委员会推荐的中标候选人中确定中标人，评标委员会推荐中标候选人的人数应符合招标文件的要求，一般应限定在1~3人，并标明排列顺序。招标人可以授权评标委员会直接确定中标人。招标人不得向中标人提出压低报价、增加工作量、缩短工期或其他违背中标人意愿的要求，以此作为发出中标通知书和签订合同的条件。

2. 发出中标通知书并订立书面合同

（1）中标通知

中标人在确定后，招标人应当向中标人发出中标通知书，并同时将中标结果通知所有未中标的投标人，中标通知书对招标人和中标人都具有法律效力。

（2）履约担保

在签订合同前，中标人及联合体的中标人应按招标文件有关规定的金额、担保形式和招标文件规定的履约担保格式，向招标人提交履约担保。履约担保金额一般为中标价的10%。

（3）签订合同

招标人和中标人应当自中标通知书发出之日起30 d内，按照招标文件和中标人的投标文件订立书面合同。

（4）履行合同

中标人应当根据合同约定履行义务，完成中标项目，中标人不得向他人转让中标项目，也不得将中标项目分解后分别向他人转让。

第二节　工程项目合同管理理论

一、工程项目合同管理的概念和目标

（一）工程项目合同管理概念

工程项目合同管理是指对工程项目整个过程中合同的策划、签订、履行、变更及解除进行监督，对合同履行过程中发生的争议或问题进行处理，从而确保合同的依法订立和全面履行。合同管理贯穿于工程项目，从招投标、合同策划、合同签订、履行直到合同归档的全部过程。

（二）工程项目合同管理目标

工程项目合同管理直接服务于项目和企业的总目标，必须保证它们的顺利完成。所以，工程项目合同管理不仅是工程管理，而且是企业管理的一部分。具体目标包括：首先是保证整个项目在预定的成本和工期内完成，同时达到预定的质量要求。其次是达到承发包双方的共同满意，即在双方的共同努力下，发包方对承包方的服务质量感到满意；同时承包方对发包方提供的利润、得到的服务信誉感到满意，双方建立了彼此的互信关系。最后是合同管理过程中工程问题的解决公平合理，符合企业经营和发展战略对其的要求。

二、工程项目合同管理的基本原则

第一，合同当事人应严格遵守国家的法律法规，在合同管理的过程中坚决贯彻协商一致、平等互利的原则。只有这样，才能维护双方的权利，避免引起合同纠纷等问题。

第二，合同管理的过程中要实行各种权利既相互独立又相互制约的管理原则。工程项目中行使的权利包括调查权、批准权、执行权、监督权、考核权等。同时在工程项目管理机构的设置上要完全杜绝个人或一个部门权力高度集中的情况发生。合同管理的过程要做到有岗位就要监督，有权力就要制衡。

第三，实行分类归口的合同管理原则。当涉及多个子合同时，必须按合同性质将之分类归口到一个部门进行统一管理。这样就避免了多头管理及权责不清等情况的发生。

第四，坚持合同管理全过程的审查及法律咨询原则。在合同管理的各个阶段都必须坚持以实施承办部门及领导逐级审查为主的原则，同时尽可能在公司内部成立相关的法律咨询顾问机构，从而可以实施对合同的全过程监督及咨询，保证合同执行中的合法性。

第五，合同至上原则。在项目的执行过程中，必须严格按照合同规定办事，任何时候都要奉行合同至上的原则。

三、合同管理在工程项目管理中的作用

（一）合同管理是实现工程项目目标的手段之一

工程项目的目的是实现成本、质量和工期的预期目标，只有在合同中明确规定整个项目的各个阶段以及相应内容，明确各方的权利和义务，才能有效地实现工程项目的目标。

（二）在整个工程项目中，合同管理具有监督和执行的职能

这个职能主要体现在参与各方能不能严格按照合同规定来履行义务和实现权利。

（三）合同管理是整个工程项目管理的核心

合同管理贯穿于整个项目管理中。任何一个工程项目的实施都是以签订一系列承发包双方合同为前提的，如果忽视了合同管理就意味着无法对工程的质量、进度、费用进行有效的控制，更无法对人力资源、工程风险等进行管理。所以，只有抓住合同管理这个核心，才能统筹调控和管理整个工程项目，最终实现工程项目目标。

四、工程项目合同寿命期的阶段划分

（一）合同总体策划

在我国现行的工程项目管理体制下，业主在工程的建设和管理中处于主导地位，所以，业主的合同策划在整个合同策划中起着主要作用，而承包方的合同策划则处于从属地位，直接受业主合同策划的影响。

1. 业主的合同策划

（1）工程项目承发包方式及合同范围的确定

随着现代科学技术的发展，工程建设项目在规模、技术等方面都发生了很大变化，所

以，工程项目业主须根据自己的管理能力、工程项目的具体情况，以及其对工程项目管理经验的不同，综合考虑适合该工程的承发包方式和合同范围，以达到降低成本、缩短工期和提高工期质量的目的。

（2）合同类型的选择

合同类型不同，相应的应用条件、合同双方的权利和义务分配及承担的风险也不同。合同类型有总价合同、单价合同、成本补偿合同、目标合同。

（3）合同条件的选择

合同条件是合同协议书中最重要的部分之一。合同条件的选择一般应注意以下两个问题：首先，应尽量使用标准的合同文件。其次，合同条件的选择应与合同双方的管理能力相符合。

（4）其他问题

在合同的策划中，如确定资格预审的标准、最终投标单位的数量等，都是业主应优先考虑的问题。

2. 承包商的合同策划

承包商作为工程项目中重要的一方，在合同策划时应考虑以下三方面的问题：①根据自身的经营战略要求，选择投标项目。②准确及时地进行合同风险的评价。承包商在承包工程项目时，必须对该工程项目进行风险评价，如果风险过大，就要综合考虑，看公司的财务能力等是不是能够承受。③选择恰当的合作方式。一般有分包和联合承包两种。

3. 合同总体策划的步骤

合同策划的一般步骤如下：①确定企业和项目对合同的要求；②确定合同的总体原则和目标；③在分析研究项目的要点和问题的基础上，提出相关的合同措施；④协调工程各种相关合同。

（二）招投标合同管理

工程项目的主要任务都是通过招投标实现的，合同的实质性内容在招标文件中都已体现，招标结果确定了将来签订合同的基本内容和基本框架。因此，招投标合同管理在整个合同管理体系中显得十分重要。招投标合同管理主要包括以下四方面的内容：

1. 工程项目勘察、设计招投标合同管理

工程项目勘察、设计合同的签订是在确定中标人（承包商）之后。该合同的签订必须参考相关的法律法规，如《中华人民共和国建筑法》《中华人民共和国合同法》《建筑工程勘察设计管理条例》等。

2. 工程项目监理招投标合同管理

监理合同，即委托合同。主要是业主委托监理单位，为其所签订的合同进行监督和管理。委托标的物为服务，受托方（监理单位）一般为一个独立机构，拥有专业的知识、经验和技能。在监理合同的制定中，必须明确监理人的权利和义务，如在其责任期内，若因为过失造成经济损失时应承担的责任等。

3. 建设工程施工招投标合同管理

该合同是工程合同中的主要合同之一，其规定了工程相关的投资、费用和进度等要求。在现代化市场条件下，招投标合同签订的好坏直接影响到将来工程的实施情况。建设工程施工招投标合同的管理内容主要包括施工合同双方的权利和义务、工程报价单、工程量清单、对工程进度控制条款的管理，以及对工程质量控制条款的控制等。

4. 评标过程中的合同管理

评标是招投标合同管理中最重要的一项。国家计委等七部委在 2001 年颁布的《评标委员会和评标方法暂行规定》中规定准备、初步评审和详细评审为各行业必须共同遵守的三个评标基本程序。《招标投标法》规定投标人应符合下列条件之一：①能够最大限度地满足招标文件中提到的各项综合指标；②能够满足招标文件中提到的实质性要求，同时经评审其投标价格最低，但投标价格不能低于成本。

我国工程评标的主要程序由初步审核、资格审核、技术评审、商务评审、综合评审或者价格比较及评标报告组成。

（三）合同实施管理

1. 合同总体分析

合同总体分析中分析的主要对象是合同协议书及其合同条件；过程是将合同条款落实到带全局性的问题和事件上来；目标是用来指导工作，同时保证合同的顺利实施。

2. 合同交底

合同交底是通过组织项目管理人员及工程负责人了解和学习合同条文；熟悉合同主要内容和管理程序；知道合同中责任的范围，从而能够避免合同履行过程中的各种违约行为。

3. 合同实施控制

合同实施控制主要指参照合同分析的成果，对整个工程实施过程进行全面的监督、对比、检查及纠正的管理活动。合同实施控制的内容主要有落实合同计划、指导合同公证、协调各方关系、对合同实施情况的分析、工程变更与工程索赔管理等。

4. 合同档案管理

在合同的实施过程中，为避免自身合法权益受到损害，做好现场记录并保存好记录显得尤为重要。其主要包括合同资料的收集、加工、储存及资料的提供输出等。

（四）合同索赔管理

索赔在工程项目中经常发生，许多国际承包商总结出的工程项目经验是“中标靠低价，盈利靠索赔”，因此合同索赔管理也应引起项目管理者的特别重视。工程项目合同的索赔一般包括以下两种情况：第一，业主由于未履行合同对应的责任而违约；第二，由于业主行使合同赋予的权利而变更工程导致未知的事情发生。另外，在施工索赔中，要特别注意施工索赔提出的时效性、合法性及策略性。

（五）合同变更管理

合同变更管理是指在工程的施工中，工程师有权根据合同约定对施工的程序，工程中的数量、质量、计划进程等做出相应的变更。因为在大型的工程项目中承包商有权先进行指令执行，然后再对合同价款等进行相关的协商。而工程变更会带来一系列的影响，比如延长工期、增加费用，工程量、合同价等都可能发生变化，所以对合同变更的管理是合同管理中的重要一项。

第三节　合同管理的主要内容

一、施工合同

施工合同是指发包人与承包人签订的，为完成特定的建筑、安装施工任务，明确双方权利和义务关系的合同。在该合同法律关系中，发包人是建设单位（业主），承包人是承担施工任务的建筑人或安装人。施工合同属于双务合同，是对工程建设进行质量控制、进度控制、投资控制的主要依据。

施工合同的标的是建筑（包括设备）产品，建筑产品不能或难以移动。每个施工合同的标的都不能替代。电厂建设现场复杂、工作量大，施工人员、机械、材料都在不断移动，施工图纸繁多，技术难度较高，同时对施工的质量和工期都有较严格的要求，这些都决定了施工合同内容的多样性。

施工合同的履行直接影响着工程建设，特别是对建设工期的控制，大多数情况下取决于施工进度。所以，在电厂建设中对施工合同管理非常严格：合同的内容和约定要求以书面形式出现，如果用其他形式，也以书面为准，如会议、协商、口头指令等均须事后形成书面文件。

施工合同又分为建筑施工合同（电厂场地平整、土木建筑和设备基础工程），以及安装施工合同（电厂机械、电气等设备安装工程）两大类。

二、货物供应合同

电厂工程与一般的土木建筑工程有很大区别，其专项设备投资约占整个电厂投资费用的40%。设备的买卖合同对电厂投资非常重要，同时对电厂建成后的生产技术、成本、发电产量也起着决定性因素。此类合同数一般占整个工程总合同数的60%以上，不但数量多，合同内容也十分繁杂，有上万字的合同，也有不足一张纸的协议，都必须管理好。

设备供应合同以转移设备的财产所有权为目的，同时对性能重要或技术复杂及费用昂贵的设备，还要在合同内约定设备出售过程中和售后的服务等内容。①买卖双方当事人的基本权利和义务是交付设备与收取货款、接收设备与支付货款。②买卖合同是诺成合同。买卖合同以当事人意思表示一致为其成立条件，不以实物的交付为成立条件。③买卖合同中特别要对标的物交付地点做出明确规定，标的物的所有权自标的物交付时转移。

三、工程咨询合同

（一）工程勘察及设计合同

工程勘察是指为工程建设的规划、设计、施工、运营及综合治理等，对地形、地质及水文等要素进行测绘、勘探、测试及综合评定，并提供可行性评价和建设所需的勘察成果资料，进行工程勘察、设计、处理和监测的活动。

工程设计是指运用工程技术理论及技术经济方法，按照现行技术标准，对新建、扩建、改建项目的工艺、建筑、设备、流程、环境工程等进行综合性设计（包括必须的非标准设计）及技术经济分析，并提供作为建设依据的文件和图纸的活动。

工程勘察、设计是电厂建设的基础工作，电厂的质量、生产成本、投资、进度均与设计紧密相连。可以说有个好的勘察及设计，工程就有了一半成功的希望。

建设工程勘察、设计合同是委托方与承包方为完成一定的勘察、设计任务明确双方权利义务关系的协议。建设工程勘察、设计合同的委托方一般是项目建设单位（业主）或建设工程承包单位；承包方是持有国家认可的勘察、设计证书的勘察设计单位。合同的委托方、承包方均应具有法人资格。

勘察、设计合同要符合规定的基本建设管理程序，应以国家批准的设计任务书或其他有关文件为基础。但在我国目前计划经济向市场经济转型过程中，存在很多实际情况，我们应根据我国的国情，在市场经济的原则下，既要努力进行工程的建设，更要按照国家有关法规积极、努力办理项目的各种手续。

（二）工程监理合同

按照国家的要求及国际惯例，电厂工程都须进行建设监理。监理单位依据建设行政法规的技术标准，综合运用法律、经济、行政和技术手段，进行必要的协调与约束，保障工程建设井然有序地顺畅进行，达到工程建设的投资、建设进度、质量等的最优组合。建设监理合同是建设单位（业主）与监理单位签订的，为委托监理单位承担监理业务而明确双方权利义务关系的协议。

工程监理是市场经济的要求，工程监理制在我国刚刚兴起。由于社会或监理单位自身的原因，监理工作目前还未达到公认的要求，所以监理合同也有差别。

监理合同是委托性的，是受建设单位（业主）委托后，监理单位具有了从事工程监督、协调、管理等工作的权利和义务，监理合同必须与施工合同、设计合同等配合履行，相互间不能有矛盾。建设单位要将监理单位的权利和义务相关内容告知施工或设计等第三方，同时应将施工合同、设计合同等告知有关监理单位。

（三）调整试验合同

电厂工程须要对设备、对系统进行调整试验，使之达到相应的生产技术指标后进入生产运行。调整试验合同是调试单位凭借自身的技术、经验等能力，给建设单位提供电厂建设中运行试验的指导、咨询服务。在实际工作中，调试需要资质、技术上有相对的独立性，调试单位不承担提供调试过程中电厂运行、试验所需的材料和正常工作情况下的设备、机具等。合同中的权、责视电厂的设备和调试单位的自身工作来划分，费用依此划分而确定。

四、工程总承包合同

工程总承包合同是指建设单位（业主）就工程项目与承接此项目的承建商就工程的全部建设或部分建设所签订的承揽合同。工程承包合同的工程范围相当广泛，它包括电厂的勘察、设计、建筑、安装及提供设备和技术等。因工作范围大，合同的履约期较长，投资较大，风险也大，当然利润就可能大。在国内，政府对电厂建设的承包控制较严，只有少数国内企业有总承包资质，在国际上有相当数量的公司有总承包工程的能力和业绩。目前，国内电厂建设中实行工程总承包方式的主要原因是：大多数设备由国外供货，投资方为外方或外方占有较大比例而进行工程总承包。承包合同在价格方面有两种方式：固定总价合同和成本加酬金合同。为了及时正确评估工程造价、减少法律纠纷，一般采用固定总价合同。

第四节　施工合同管理

一、施工合同管理的特点、难点及重要性

（一）电力工程施工合同管理的特点

由于电力建设投资大、技术含量高、施工周期长等，施工合同管理具有如下特点：①合同管理周期长、跨度大，受外界各种因素影响大，同时合同本身常常隐藏着许多难以预测的风险。②由于电力建设投资大、合同金额高，使得合同管理的效益显著，合同管理对工程经济效益影响很大。合同管理得好可使承包商避免亏本，赢得利润。否则，承包商要承受较大的经济损失。据相关资料统计，对于正常的工程，合同管理好坏对经济效益影响达8%的工程造价。③由于参建单位众多和项目之间接口复杂等特点，使得合同管理工作极为复杂、烦琐。在合同履行过程中，涉及业主与承包商之间、不同承包商之间、承包商与分包商之间，以及业主与材料供应商之间的各种复杂关系，处理好各方关系极为重要，同时也很复杂和困难，稍有疏忽就会导致经济损失。④由于合同内外干扰事件多，合同变更频繁，要求合同的管理必须是动态的，合同实施过程中合同变更管理显得极为重要。

（二）电力工程施工合同管理的难点

1. 合同文本不规范

业主方在竞争激烈的市场上往往具有更多的发言权。有些业主在签约合同时为回避业主义务，不采用标准的合同文本，而采用不规范的文本进行签约，转嫁工程风险，成为施工合同执行过程中发生争议较多的一个原因。

2. “口头协议”屡禁不止

所谓“口头协议”是相对于“正规合同”而言的，正式合同用《施工合同示范文本》，但双方当事人并不履行，只是用作对外检查。实际执行是以合同补充条款形式或干脆用君子协定，此类条款常常是私下合同，把中标合同部分或全部推翻，换成违法或违反国家及政府管理规定的内容。

3. 施工合同与工程招投标管理脱节

施工企业招投标中“经济标”“技术标”编制及管理与工程项目的施工合同管理，分

属公司内不同职能部门及工程项目组。一旦投标中标，施工合同与甲方签约后，此“合同”只是以文件形式转给项目经理部，技术交底往往流于形式，最终使得施工合同管理与招、投标管理在实施过程中缺乏有效衔接，导致二者严重脱节。

（三）电力工程施工合同管理的重要性

合同主体资格瑕疵的风险。一般来说，合同主体资格不可能出现瑕疵，但随着企业内外部环境的不断变化，合同主体资格存在瑕疵的情形却日益增多，具体表现为：业主工程未获得批复，由于方方面面压力，施工单位不得不先行进场作业。在此情况下，施工单位的风险极大。第一，在工程批复前，施工单位无法获得项目的运作资金，须持续垫资到工程正式批复并进入招投标程序为止。这段时间有可能是一年也可能是两年，而且这种工程往往是大型工程，对施工单位资金、安全压力较大。第二，由于工程未正式批复，一旦出现工程停建、缓建等不可抗因素，施工单位的窝工费用、先期投入费用很有可能无法获得补偿。第三，合同条款不同理解的风险。由于施工企业的弱势地位，议价能力差、合同条款的解释能力不强。实际工作中，一旦遇到条款描述得不精确、模糊，最终解释方向往往不利于施工单位。近年来，随着各地维权意识的提高，政策处理工作已成为工程建设的大难题，几乎所有工程的政策处理费用都将突破合同价，但是一些审价单位在审核工作中经常不把政策性跨越作为政策处理费用。政策性跨越是指为节约政策处理费用，对赔付费用高的地块用跨越架的形式来进行穿越，此类费用的发生由政策处理的原因引起，以跨越费用的形式来体现，应属政策处理费用范畴，并且按上述条款的字面解释也理应如此，但实际工作中施工单位获得补偿比较困难。

二、施工合同管理措施

（一）提高合同认识

要通过宣传、培训，真正认识到施工合同是保护自己合法权益的武器和工具，是走向市场经济的道路和桥梁。要依法运用施工合同审查等手段，在事前避免或减少由于施工合同条款不完备、表述不准确而酿成的经济纠纷和损失。把合同意识和合同秩序作为约束社会经济行为的普遍准则。施工过程中加强项目管理和施工人员法制观念，真正树立社会主义市场经济所需要的群众法律水准，从根本上保证施工合同的履行。

（二）加强合同管理，建立工程担保制度

目前，在我国还存在合同管理不严的问题，施工合同中只规定了施工单位履约保证金

的提交金额及方式，而缺少业主的履约保证金的提交金额及方式，导致业主不按照合同约定支付工程进度款、不按照合同约定办理现场签证及竣工结算等违约行为时有发生，为此加快业主担保制度的建设显得尤为重要。一是领导要从思想上给予高度重视，把施工合同管理同企业的计划管理、生产管理、组织管理并列来抓；二是从制度完善入手，建立合同实施保证体系，把合同责任制落实到具体的工程和人员；三是要配备专人管理，对招标文件、投标文件、合同草案及合同风险进行全面分析；四是健全合同文档管理系统，除施工合同外还要对招标文件、投标文件、合同变更、会议纪要、双方信函、履约保函、预付款保函、工程保险等资料进行收集、整理、存档。

（三）加强索赔意识

索赔是承包商保护自己的合法权益、防范合同风险的重要方法，是施工企业进入市场必须具备的市场观念和行为。首先，要敢于索赔，打破传统观念的束缚；其次，要学会索赔，要认真研究和合理运用合同中的索赔条款，建立有关索赔的详细档案，按合同约定的时间及时向业主和监理工程师报送索赔文件。

（四）实现工程造价改革

施工单位在投标中只负责审核，并根据自身的管理水平及采购能力等报出适合自己企业的工程单项报价，在以后的施工中得以严格贯彻执行，这样就真正实现了招投标管理与施工合同管理的内在联系，并保证了管理实施的一致性。

三、完善施工合同管理制度

为进一步保证合同的风险得到控制，施工企业应制定与企业相适应的合同管理制度和规定，以实现合同的管理规范化、制度化、标准化。只有大力加强合同管理，完善企业内部合同管理的体系，才能从根本上控制合同的风险，并且完善的合同管理制度是预防、减少合同纠纷、提高企业管理水平的有效手段。

（一）不断完善合同风险的预控制度

加强合同风险的预控在风险管理中极其重要，如制定完善的合同评审、会签制度等。对合同的起草、谈判、审查、签约、履行、检查、清理等每一个环节都做出明确的规定，供合同管理人员执行，以达到风险预控的目的。

（二）不断完善合同风险的过程管理制度

以合同为基础，建立全过程的合同风险管控制度。合同签约后，管理负责部门应向合同执行部门及相关人员进行合同交底，使相关人员都对合同有一个全面完整的认识和理解，须重点指出合同中的风险点，并且提供防范与补救方法；时刻关注合同执行过程中由于内、外部环境变化所引起的新风险，及时辨认新的风险点并提供解决方案。

（三）不断完善合同风险的救济制度

对于那些无法避免的风险或没有预见的风险发生也应制定相应的风险救济制度。按照事先制定的程序应对风险，并且及时查核合同中可有效利用的条款，做好取证工作，从而保护好自己的合法权益。

第五节　电力工程物资合同管理

一、电力物资流程控制

电力物资流程控制包含以下方面：①省公司下发中标结果并确定是否须要签订技术协议。一般来说，对于新应用设备材料、技术复杂或项目实施的管件设备材料，可根据需要组织项目管理部门、物资需求部门、设计单位等相关部门进行技术协议签订；②如果须要组织签订技术协议，由市公司物资供应中心组织项目主管部门负责人与供应商代表签订技术协议；③市公司物资供应中心采购员在 ERP 系统中创建采购订单；④市公司物资供应中心主任在 ERP 系统中审批采购订单；⑤判断采购订单是否通过审批；⑥采购订单审批通过，市公司物资供应中心专人负责中标通知书与供应商代表签订物资采购合同。⑦省市公司专人汇总合同签订材料，提出考评意见并下达。

二、物资合同管理关键点分析

采购员在 ERP 系统内创建采购订单，保存时系统会自动检查是否超预算。如果超预算，系统会提示不予通过，此时由采购员联系采购申请的创建人进入项目变更管理流程调整预算。在 ERP 系统中采购订单维护成功后，采购合同、配送单、到货验收单、投运单、质保单在系统中以统一的文本格式自动生成，这 5 种单据可以根据业务进展情况在不同时期打印。

同时，物资合同签订后履约员要核实是否须要预付款。如果须要预付款，进入采购付款管理流程。在 ERP 系统中采购订单维护成功后，市公司根据省公司物资部（招投标管理中心）下达的中标通知书，组织供应商集中签约，严格使用国家电网公司物资采购统一合同文本，确保在中标结果发布后15日内及时完成合同签订。严格中标结果执行，合同签订不得更改中标结果，或违背招标、投标文件实质性条款，逐步取消技术协议签订。应进一步加快合同签订速度，大大提高签约效率，降低签约成本，方便客户。

三、电力物资的合同风险

（一）合同签订前的风险

合同的业务操作流程是合同管理制度的具体体现，是合同管理制度在实际工作中的具体应用。一般而言，大多数风险都与企业行为的不规范有关，合同管理过程也一样，流程越随意，风险越大。按照合同具体业务操作流程来识别风险，不仅不容易遗漏具体的风险点，还能对风险点有更为细致的认识。

（二）前期准备阶段的风险

从订货任务下达到合同文本起草，采购合同承办及管理部门还须要做一系列的准备工作，诸如收集合同制作依据及信息，包括合同需方的需求计划、需求信息、设备型号、技术要求、项目建设信息等；评标结果和批复；批量分配结果和批复；合同调整和变更批复等；要对交易主体进行必要的资信审核，检查营业执照是否已通过年检，检查法定代表人身份证明书、授权委托书及与合同内容相符的许可、资质等级证书；对供应商经营状况、技术条件和商业信誉等进行调查；通知中标供应商等。

（三）合同审核风险

电力物资采购合同专业性、法律性都很强，内容复杂，特别是一些重大合同，能否正确地签订履行，对物资需求部门正常的生产建设活动关系重大。合同审核是相关部门在规定的审核时限，依据相应标准及程序对合同进行审查，保证合同正确签订和履行的活动。合同审核过程中可能产生的风险主要表现在，合同审核人员因专业素质或工作态度的原因未能发现合同文本中的内容和条款不当的风险，或虽然发现了问题但未提出恰当的修订意见的风险等。

四、电力系统物资合同管理的优化

建立健全合同管理制度，依规行事。合同管理的原则是依法由相关人员进行全面专业的管理，管理时最重要的是注重效率。电力系统是大型企业，在大型企业中要想对某一方面进行管理必须建立一个健全的管理体制，因此建立合同管理体制将合同管理贯彻落实到电力系统当中，才能够依规行事。须注意的是合同管理制度必须以相关法律为依据，以服务电力系统为准则，以提高物资合同管理效率为目标，这个制度还需要有一定的可行性与科学性。合同管理中包含了合同洽谈、草拟、评审、签订、履行、变更、终止等一系列过程，合同违约处理等也包括在内，合同管理制度的制定是电力系统合同管理最有力的依据。

强化采购环节的行情把握，降低成本。强化采购环节行情的把握主要是指派专人对电力企业周边的物资价格进行调查，不仅如此，还须尽可能地调查到供应商的物资供应能力和信誉、市场保有量等与物资采购相关的信息，形成一份完整详细的市场调查报告。一旦有了一份完整详细的市场调查报告，在采购时便能够有利于电力系统总部核查每一次采购的程序与价格，保障物资采购工作的顺利进行。一旦采购价格与市场价格违背严重时就能够按照合同追究相关人员责任，最大限度地避免各种损失。

强化物资仓储管理能力。为了减少事故与纠纷，应当强化物资仓储管理能力。例如，可以制定详细的物资管理制度，或是建立健全相关的责任制与管理流程。当有电力建设项目时应把项目涉及的所有物资和材料都上报，并且分类采购与仓储，最后录入相关管理软件中做到信息共享，以便电力系统中的各类管理人员能够及时查看物资情况，及时调用所需物资，一旦物资出现损坏等事故能够迅速找到相关责任人进行问责。电力企业的物资管理是保证电力系统运行的纽带，只有不断地强化物资仓储管理能力，保证物资的安全与管理水平，才能让电力系统的物资运转得更顺利，更好地履行物资合同。

电力系统是国家非常关键的部门，电力系统的物资合同管理十分重要，要根据高标准、严要求、讲科学的原则，精细管理、创新理念，努力提高电力系统的物资合同管理工作，保证电力系统的物资供应，必须认真地履行合同管理中的每个环节，加强提高合同管理水平，提高合同的履约率，以防风险和纠纷，维护国家的利益，为建设和谐电网做出应有的贡献。

第六章　电力工程项目费用管理

第一节　电力工程项目费用的组成

一、电力工程建筑安装工程费用

（一）建筑安装工程费用的构成

1. 直接费

直接费由直接工程费和措施费组成。

（1）直接工程费

直接工程费是指施工过程中耗费的构成工程实体的各项费用，它包括人工费、材料费和施工机械使用费。

①人工费。它是指直接从事建筑安装工程施工的生产工人开支的各项费用。人工费的内容包括基本工资、工资性补贴、生产工人辅助工资、职工福利费和生产工人劳动保护费等。

电力行业人工费按照电力行业定额中规定的原则进行计算，电力工程人工工日单价按照定额中规定的电力行业基准工日单价执行。各地区、各年度人工费的调整按照电力行业定额（造价）管理机构的规定执行。

②材料费。它是指施工过程中耗费的构成工程实体的原材料、辅助材料、构配件、零件和半成品的费用。其内容包括材料原价、材料运杂费、运输损耗费、采购及保管费、检验试验费。其中，检验试验费包括自设试验室进行试验所耗用的材料和化学药品等费用。它不包括新结构、新材料的试验费和建设单位对具有出厂合格证明的材料进行检验，对构件做破坏性试验及其他特殊要求检验试验的费用。

电力行业电网工程建设预算中的材料包括装置性材料和消耗性材料两部分。

装置性材料：是指电网建设安装工程中构成工艺系统实体的原材料、辅助材料、构配件、零件、半成品等工艺性材料。一般情况下，装置性材料指施工过程中必需的，但在建设预算定额中未计价的材料。其计算式为

装置性材料费=装置性材料消耗量×装置性材料预算价格 (6-1)

装置性材料预算价格根据电力行业定额（造价）管理机构公布的装置性材料预算价格或综合预算价格计算。

消耗性材料：是指施工过程中所消耗的、在建设成品中不体现其原有形态的材料，以及因施工工艺及措施要求须进行摊销的材料。一般情况下，消耗性材料指建设预算定额中，费用已经计入定额基价的材料。消耗性材料按照定额规定的原则计算。

③施工机械使用费。它是指施工机械作业所发生的机械使用费以及机械安拆费和场外运费。施工机械台班单价包括折旧费、大修理费、经常修理费、安拆费及场外运费、人工费、燃料动力费和养路费及车船使用税。其中，人工费是指机上司机（司炉）和其他操作人员的工作日人工费及上述人员在施工机械规定的年工作台班以外的人工费。

（2）措施费

措施费是指为完成工程项目施工，在施工前和施工过程中非工程实体项目的费用。其内容包括以下九方面：

①安全、文明施工费。它是指根据国家现行的建筑施工安全、施工现场环境与卫生标准和有关规定，购置和更新施工安全防护用具及设施、改善安全生产条件和作业环境所需要的费用。它由《建筑安装工程费用项目组成》中措施费所含的环境保护费、文明施工费、安全施工费和临时设施费组成。

②夜间施工增加费。它是指因夜间施工所发生的夜班补助费、夜间施工降效、夜间施工照明设备摊销及照明用电等费用。

③二次搬运费。它是指因施工场地狭小等特殊情况而发生的二次搬运费用。

④冬、雨季施工增加费。它是指在冬季、雨季施工期间，为了确保工程质量，采取保温、防雨措施所增加的材料费、人工费和设施费用，以及因工效和机械作业效率降低所增加的费用。

⑤大型机械设备进出场及安拆费。它是指机械整体或分体自停放场地运至施工现场或由一个施工地点运至另一个施工地点，所发生的机械进出场运输及转移费用，以及机械在施工现场进行安装、拆卸所需的人工费、材料费、机械费、试运转费和安装所需的辅助设施的费用。

⑥混凝土、钢筋混凝土模板及支架费。它是指混凝土施工过程中需要的各种钢模板、木模板、支架等的支、拆、运输费用及模板、支架的摊销（或租赁）费用。模板及支架分

为自有和租赁两种。

⑦脚手架费。它是指施工需要的各种脚手架搭、拆、运输费用及脚手架的摊销（或租赁）费用。脚手架同样分为自有和租赁两种。

⑧已完成工程及设备保护费。它是指竣工验收前，对已完工程及设备进行保护所需费用。

⑨施工排水、降水费。施工排水费是指为确保工程在正常条件下施工，采取各种排水措施所发生的各种费用。施工降水费是指为确保工程在正常条件下施工，采取各种降水措施所发生的各种费用。

2. 间接费

间接费是指建筑安装产品的生产过程中，为全工程项目服务而不直接消耗在特定产品对象上的费用。间接费由以下两种费用组成：

（1）规费

是指政府和有关权力部门规定必须缴纳的费用（简称规费）。其内容包括工程排污费、社会保障费（包括养老保险费、失业保险费和医疗保险费）、住房公积金和危险作业意外伤害保险。

（2）企业管理费

是指建筑安装企业组织施工生产和经营管理所需的费用。其内容包括管理人员工资、办公费、差旅交通费、固定资产使用费、工具用具使用费、劳动保险费、工会经费、职工教育经费、财产保险费、财务费、税金和其他费用。其中，其他费用包括技术转让费、技术开发费、业务招待费、绿化费、广告费、公证费、法律顾问费、审计费和咨询费等。

3. 利润

利润是指施工企业完成所承包工程获得的盈利。

4. 税金

税金是指国家税法规定的应计入建筑安装工程造价内的营业税、城市维护建设税及教育费附加等。

（1）营业税

它按计税营业额乘以营业税税率确定。其中，建筑安装企业营业税税率为3%。计税营业额是含税营业额，是指从事建筑、安装、修缮、装饰及其他工程作业收取的全部收入，它包括建筑、修缮、装饰工程所用原材料及其他物资和动力的价款。当安装的设备的价值作为安装工程产值时，也包括所安装设备的价款。但是建筑安装工程总承包方将工程分包或转包给他人的，其营业额中不包括付给分包或转包方的价款。营业税的纳税地点为应税劳务的发生地。

（2）城市维护建设税

纳税人所在地为市区的，按营业税的7%征收；纳税人所在地为县城镇，按营业税的5%征收；纳税人所在地为农村的，按营业税的1%征收。城建税的纳税地点与营业税纳税地点相同。

（3）教育费附加

教育费附加一律按营业税的3%征收，建筑安装企业的教育费附加要与其营业税同时缴纳。即使办有职工子弟学校的建筑安装企业，也应当先缴纳教育费附加，教育部门再按照企业的办学情况，酌情返还给办学单位，作为对办学经费的补助。

（二）建筑安装工程费用性质划分

1. 建筑工程费用

（1）各类房屋建筑工程与列入建筑工程预算的供水、供暖、卫生、通风、煤气等设备费用及其装饰、油饰工程的费用，列入建筑工程预算各种管道、电力、电信等与电缆导线敷设工程的费用。

（2）设备基础、支柱、工作台、烟囱、水塔、灰塔等建筑工程，以及各种炉窑的砌筑工程和金属结构工程的费用。

（3）为了施工而进行的场地平整，工程和水文地质勘察，原有建筑物和障碍物的拆除以及施工临时用水、电、气、路和完工后的场地清理、环境绿化、美化等工作的费用。

（4）矿工开凿、井巷延伸、露天矿剥离，石油、天然气钻井，修建铁路、公路、桥梁、水库、堤坝、灌渠及防洪工程的费用。

建筑工程费除了包括建筑工程的本体费用之外，以下项目也列入建筑工程费中：①建筑物的上下水、采暖、通风、空调、照明设施；②建筑物用电梯的设备及其安装；③建筑物的金属网门、栏栅及防雷设施，独立的避雷针、塔；④屋外配电装置的金属结构、金属构架或支架；⑤换流站直流滤波器的电容器械门形构架；⑥各种直埋设施的土方、垫层、支墩，各种沟道的土方、垫层支墩、结构、盖板，各种涵洞，各种顶管措施；⑦消防设施，包括气体消防、水喷雾系统设备、喷头及其自动控制装置；⑧站区采暖加热站设备及管道，采暖锅炉房设备及管道；⑨生活污水处理系统的设备、管道及其安装；⑩混凝土砌筑的箱、罐、池等；⑪设备基础、地脚螺栓；⑫建筑专业出图的站区工业管道；⑬建筑专业出图的电线、电缆埋管工程；⑭凡建筑工程预算定额中已明确规定列入建筑工程的项目，按定额中的规定执行。

2. 安装工程费

（1）生产、动力、起重、运输、传动和医疗、实验等各种须安装的机械设备的装配费用，与设备相连的工作台、梯子、栏杆等设施的工程费用，附属于被安装设备的管线敷设工程费用，以及被安装设备的绝缘、防腐、保温、油漆等工作的材料和安装费。

（2）为了测定安装工程质量，对单台设备进行单机试运转、对系统设备进行系统联动无负荷试运转工作的调试费。

安装工程费除了包括各类设备、管道及其辅助装置的组合、装配及其材料费用之外，以下项目也列入安装工程费中：①电气设备的维护平台及扶梯；②电缆、电缆桥（支）架及其安装，电缆防火；③屋内配电装置的金属结构、金属支架、金属网门；④换流站的交、直流滤波电容器塔；⑤换流站阀门冷却系统；⑥设备主体、道路、屋外区域（如变压器区、本电装置区、管道区等）的照明；⑦电气专业出图的空调系统集中控制装置安装；⑧接地工程的接地极、降阻剂、焦炭等；⑨安装专业出图的电线、电缆埋管、工业管道工程；⑩安装专业出图的设备支架、地脚螺栓；⑪设备安装工程建设定额中已明确列入安装工程的项目，按定额中的规定执行。

二、设备购置费

设备购置费是指为建设项目购置或自制的达到固定资产标准的各种国产或进口设备的购置费用，由设备费和设备运杂费组成，即

$$设备购置费=设备费+设备运杂费 \tag{6-2}$$

（一）国产设备原价的构成及计算

国产设备原价一般按照生产厂或供应商的询价、报价、合同价确定，或采用一定的方法计算确定。它包括国产标准设备原价和国产非标准设备原价。

1. 国产标准设备原价

国产标准设备原价分为带有备件的原价和不带备件的原价两种。在计算时，一般采用带有备件的原价。

2. 国产非标准设备原价

非标准设备由于单件生产、无定型标准，所以无法获取市场交易价格，只能按照其成本构成或者相关技术参数估算其价格。非标准设备原价有多种不同的计算方法，例如定额估价法、成本计算估价法、分部组合估价法以及系列设备插入估价法等。但无论采用哪种方法，都应使非标准设备计价接近实际出厂价，计算方法要简单方便。常用的估算方法为成本计算估价法。

（二）进口设备原价的构成及计算

进口设备的原价一般是由进口设备到岸价（CIF）及进口从属费构成。

1. 进口设备到岸价的计算

进口设备到岸价（CIF）=离岸价格（FOB）+国际运费+运输保险费

=运费在内价（CFR）+运输保险费　　(6-3)

(1) 货价

进口设备货价按有关生产厂商询价、报价、订货合同价计算。

(2) 国际运费

进口设备国际运费的计算公式如下：

国际运费（海、陆、空）=原币货价（FOB）×运费率（%）　　(6-4)

国际运费（海、陆、空）=单位运价×运量　　(6-5)

其中，运费率或单位运价根据有关部门或进出口公司的规定执行。

(3) 运输保险费

其计算公式为

$$运输保险费=\frac{原币货价（FOB）+国外运费}{1-保险费率（\%）}\times保险费率（\%） \quad (6-6)$$

其中，保险费率根据保险公司规定的进口货物保险费率计算。

2. 进口从属费的计算

进口从属费=银行财务费+外贸手续费+关税+消费税+进口环节增值税+车辆购置税

(6-7)

(1) 银行财务费

其计算公式为

银行财务费=离岸价格（FOB）×人民币外汇汇率×银行财务费率　　(6-8)

(2) 外贸手续费

其计算公式为

外贸手续费=到岸价格（CIF）×人民币外汇汇率×外贸手续费率　　(6-9)

(3) 关税

其计算公式为

关税=到岸价格（CIF）×人民币外汇汇率×进口关税税率　　(6-10)

到岸价格作为关税的计征基数时，一般又称为关税完税价格。进口关税税率分为优惠和普通两种。优惠税率适用于和我国签订关税互惠条款的贸易条约或协定的国家的进口设备；普通税率适用于和我国未签订关税互惠条款的贸易条约或协定的国家的进口设备。进口关税税率根据我国海关总署发布的进口关税税率计算。

(4) 消费税

其计算公式为

$$应纳消费税税额=\frac{到岸价格（CIF）\times人民币外汇汇率+关税}{1-消费税税费（\%）}\times消费税税费（\%）\quad(6-11)$$

其中，消费税税率按照规定的税率计算。

（5）进口环节增值税

我国增值税条例规定，进口应税产品均按组成计税价格和增值税税率直接计算应纳税额。即

$$进口环节增值税额=组成计税价格\times增值税税率（\%）\quad(6-12)$$

$$组成计税价格=关税完税价格+关税+消费税\quad(6-13)$$

增值税税率按照规定的税率计算。

（6）车辆购置税

其计算公式如下

$$进口车辆购置税=（关税完税价格+关税+消费税）\times车辆购置税率（\%）\quad(6-14)$$

（三）设备运杂费的构成及计算

设备运杂费是指设备生产厂家（或指定交货地点）运至施工现场指定位置所发生的费用。其内容包括设备的上、下站费，运输费，运输保险费，采购保管费。

1. 设备运杂费的构成

设备运杂费一般由下列各项费用构成。

（1）运费和上、下站费

国产设备由设备制造厂交货地点至工地仓库（或施工组织设计指定的须安装设备的堆放地点）止所发生的运费和装卸费；进口设备则是由我国到岸港口或边境车站起到工地仓库（或施工组织设计指定的须安装设备的堆放地点）止所发生的运费和装卸费。

（2）采购与仓库保管费

采购与仓库保管费是指采购、验收、保管和收发设备所发生的各种费用，包括设备采购人员、保管人员和管理人员的工资、工资附加办公费、差旅交通费，设备供应部门办公和仓库所占固定资产使用费、工具用具使用费、劳动保护费、检验试验费等。这些费用可以按主管部门规定的采购与保管费费率计算。

2. 设备运杂费的计算

设备运杂费按设备原价乘以设备运杂费率计算，其计算式为

$$设备运杂费=设备原价\times设备运杂费率\quad(6-15)$$

其中，设备运杂费率按各部门及省、市等的规定计取。

三、其他费用

（一）建设场地征用及清理费

建设场地征用及清理费是指为获得工程建设所必需的场地，并达到正常条件和环境而发生的有关费用。

1. 土地征用费

是指为了取得工程建设用地使用权而支付的费用，主要包括土地补偿费、安置补助费、耕地开垦费、勘测定界费、征地管理费、证书费、手续费以及各种基金和税金。

2. 施工场地租用费

是指为了确保工程建设期间的正常施工，临时租用场地而发生的费用，主要包括场地的租金、清理和复垦费等。

3. 迁移补偿费

是指为了满足工程建设需要，对所征用土地范围内的机关、企业、住户及有关建筑物、构筑物、电力线、通信线、铁路、公路、管道、沟渠、坟墓、林木等进行迁移所发生的补偿费用。

4. 余物清理费

是指为了满足工程建设需要，对所征用土地范围内原有的建筑物、构筑物等有碍工程建设的设施进行拆除、清理所发生的各种费用。

5. 输电线路走廊赔偿费

是指根据输电线路有关规范要求，对线路走廊内非征用和租用土地上须清理的建筑物、构筑物、林木、经济作物等进行赔偿所发生的费用。

6. 通信设施防输电线路干扰措施费

是指拟输电线路与现有通信线路交叉或平行时，为了消除干扰影响，对通信线路迁移或加装保护设施所发生的费用。

（二）项目建设管理费

项目建设管理费主要是指建设项目经国家行政主管部门核准后，自项目法人筹建至竣工验收合格并移交生产的合理建设期内对工程进行组织、管理、协调、监督等工作所发生的费用。项目建设管理费包括项目法人管理费、招标费、工程监理费、设备监造费及工程保险费。

1. 项目法人管理费

是指项目法人在项目管理工作中发生的机构开办费及经常性费用。其内容包括：①项目法人开办费，包括相关执照及相关手续的申办费，必要办公家具、生活家具、用具与交通工具的购置费用。②项目法人工作经费，包括工作人员基本工资、工资性补贴、辅助工资、职工福利费、劳动保护费、养老保险费、失业保险费、医疗保险费、住房公积金、办公费用、差旅交通费、固定资产使用费、工具用具使用费、技术图书资料费、工程档案管理费、水电费、教育及工会经费、施工图文件审查费、工程审价（结算）费、工程审计费、合同订立与公证费、法律顾问费、咨询费、会议费、董事会经费、业务招待费、采暖及防暑降温费、消防治安费、印花税、房产税、车船税、车辆保险费、养路费，以及设备材料的催交、验货，工程主要材料的监造，建设项目劳动安全验收评价费，工程竣工交付使用清理及验收费等日常经费。

2. 招标费

是指项目法人根据国家有关规定，组织或委托具有资质的机构编制、审查标书、标底，组织编制设备技术规范书，以及委托具有招标代理资质的机构对设计、施工、设备采购、工程监理、调试等承包项目进行招标所发生的费用。

3. 工程监理费

是指依据国家有关规定和规程规范要求，项目法人委托工程监理机构对建设项目全过程实施监理所支付的费用。

4. 设备监造费

是为了确保设备质量，根据国家行政主管部门公布的设备监造管理办法的要求，项目法人在主要设备的制造、生产期间对原材料以及生产、检验环节进行必要的见证、监督所发生的费用。

5. 工程保险费

是指项目法人对项目建设过程中可能造成工程财产、安全等直接或间接损失的要素进行保险所支付的费用。

（三）建设项目技术服务费

建设项目技术服务费是指为工程建设提供技术服务和技术支持所发生的费用。它主要包括项目前期工作费、知识产权转让与研究试验费、勘察设计费、设计文件评审费、项目后评价费、工程建设监督检测费、电力建设标准编制管理费与电力工程定额编制管理费。

1. 项目前期工作费

是指项目法人在项目前期工作阶段（包括可行性研究阶段）所发生的费用，包括进行项目可行性研究设计、土地预审、环境影响评价、劳动安全卫生预评价、地质灾害评价、地震灾害评价、编制水土保持大纲、矿产压覆评估、林业规划勘测与文物普探等工作所发生的费用，以及分摊在本工程中的电力系统规划设计的咨询费与设计文件评审费等。

2. 知识产权转让与研究试验费

知识产权转让费是指项目法人在本工程中使用专项研究成果、先进技术所支付的一次性转让费用；研究试验费是指为本建设项目提供或验证设计数据进行必要的研究试验所发生的费用，以及设计规定的施工过程中必须进行的研究试验费用。注意，该费用不包括以下内容：①应该由科技三项费用（新产品试制费、中间试验费和重要科学研究补助费）开支的工程建设项目；②应该由管理费开支的鉴定、检查和试验费；③应该由勘察设计中开支的工程建设项目。

3. 勘察设计费

是指对工程建设项目进行勘察设计所发生的费用，包括各项勘探、勘察费用，初步设计、施工图设计费，竣工图文件编制费，施工图预算编制费，以及设计代表的现场服务费。按其内容分为勘察费和设计费。①勘察费，是指项目法人委托有资质的勘察机构根据勘察设计规范要求，对项目进行工程勘察作业以及编制相关勘察文件和岩土工程设计文件等所支付的费用。②设计费，是指项目法人委托有资质的设计机构根据工程设计规范要求，编制建设项目初步设计文件、施工图设计文件、施工图预算、非标准设备设计文件及竣工图文件等，以及设计代表进行现场服务所支付的费用。

4. 设计文件评审费

是指项目法人按照国家有关规定，对工程项目的设计文件进行评审所发生的费用。按其内容可分为以下两方面：①可行性研究设计文件评审费，是指项目法人委托有资质的评审机构，依据法律、法规和行业标准，从规范、规划、技术及经济等方面对工程项目的必要性和可行性进行全面评审并提出可行性评审报告所发生的费用。②初步设计文件评审费，是指项目法人委托有资质的咨询机构依据法律、法规和行业标准，对初步设计方案的安全性、可靠性、先进性及经济性进行全面评审并提出评审报告所发生的费用。

5. 项目后评价费

是指按照国家行政主管部门的有关规定，项目法人为了对项目决策提供科学、可靠的依据，指导、改进项目管理，提高投资效益，同时为政府决策提供参考依据，完善相关政策，在建设项目投产后对项目的决策、设计、建设管理、投资效益等方面进行综合分析、评价所支付的费用。

6. 工程建设监督检测费

是指按照国家行政主管部门及电力行业的有关规定，对工程质量、环境保护、水土保持设施、特种设备（消防、电梯及压力容器等）安装进行监督、检查、检测所发生的费用。主要费用项目包括：①工程质量监督检查费，是指按照电力行业有关规定，由国家行政主管部门授权的电力工程质量监督机构对工程质量进行监督、检查、检测所发生的费用。②特种设备安全监测费，是指按照国务院《特种设备安全监察条例》规定，委托特种设备检验检测机构对工程所安装的特种设备进行检验、检测所发生的费用。③环境监测验收费，是指按照国家环境保护法律、法规，环境监测机构对工程建设阶段进行监督检测以及对工程环保设施进行验收所发生的费用。④水土保持项目验收及补偿费，是指按照《中华人民共和国水土保持法》及其实施条例对电力工程水土保持设施项目进行检测、验收所发生的费用。水土保持补偿费是指按照《中华人民共和国水土保持法》及其实施条例对电力工程占用或损坏水土保持设施、破坏地貌植被、降低水土保持功能以及水土流失防治等给予补偿所发生的费用。⑤桩基检测费，是指项目法人按照工程需要，组织对特殊地质条件下使用的特殊桩基进行检测所发生的费用。

7. 电力建设标准编制管理费

是指按照国家有关规定，为确保电力工程各项标准、规范的测定、编制和管理工作正常进行，须向电力行业标准化管理部门缴纳的费用。

8. 电力工程定额编制管理费

是指按照国家行政主管部门的规定，为确保电力工程建设预算定额、劳动定额的测算、编制和管理工作正常进行，须向电力行业工程定额（造价）管理部门缴纳的费用。

（四）分系统调试及整套启动试运费

分系统调试及整套启动试运费主要包括分系统调试费、整套启动试运费及施工企业配合调试费。

1. 分系统调试费

是指工艺系统安装完毕后进行系统联动调试所发生的费用。

2. 整套启动试运费

是指输变电工程项目投产前进行整套启动试运所发生的费用。

3. 施工企业配合调试费

是指在送变电工程整套启动试运阶段，施工企业安装专业配合调试所发生的费用。

（五）生产准备费

生产准备费是指为确保工程竣工验收合格后能够正常投产运行而提供技术确保和资源配备所发生的费用。它主要包括管理车辆购置费、工器具及生产家具购置费和生产职工培训及提前进场费。

1. 管理车辆购置费

是指生产运行单位进行生产管理必须配备车辆的购置费用，费用内容包括车辆原价、运杂费及车辆附加费。

2. 工器具及生产家具购置费

是指为满足电力工程投产初期生产、生活和管理需要，购置必要的家具、用具、标志牌、警示牌及标示桩等所发生的费用。

3. 生产职工培训及提前进场费

是指为确保电力工程正常投产运行，对生产和管理人员进行培训以及提前进场进行生产准备所发生的费用。其内容包括培训人员和提前进场人员的培训费、基本工资、工资性补贴、辅助工资、职工福利费、劳动保护费、失业保险费、养老保险费、医疗保险、住房公积金、差旅费、资料费、书报费、取暖费、教育经费与工会经费等。

（六）大件运输措施费

大件运输措施费是指超限的大型电力设备在运输过程中发生的路、桥加固和改造，以及障碍物迁移等措施费用。

（七）基本预备费

基本预备费是指为由于设计变更（含施工过程中工程量增减、设备改型、材料代用）而增加的费用，一般自然灾害可能造成的损失与预防自然灾害所采取的临时措施费用，以及其他不确定因素可能造成的损失而预留的工程建设资金。费用内容具体包括：①在批准的初步设计范围内，技术设计、施工图设计及施工过程中所增加的工程费用，及设计变更、局部地基处理等增加的费用。②一般自然灾害造成的损失和预防自然灾害所采取的措施费用。实行工程保险的工程项目费用应适当降低。③竣工验收时，为了鉴定工程质量，对隐蔽工程进行必要的挖掘和修复费用。

基本预备费估算是按设备及工器具购置费，建筑、安装工程费和工程建设其他费之和为计算基数，乘以基本预备费率进行计算。基本预备费率的大小应按照建设项目的设计阶段和设计深度，以及在估算中所采取的各项估算指标与设计内容的贴近度、项目所属行业主管部门的具体规定确定。

第二节　电力工程项目费用的确定

一、工料单价法

（一）工料单价法概念

工料单价法，也就是传统的定额计价法，一般是指分部分项工程项目单价采用直接工程费单价（工料单价）的一种计价方法。直接工程费单价只包括人工费、材料费和机械台班使用费，它是分部分项工程的不完全价格。

运用定额单价进行计算，即首先计算工程量，然后查定额单价（基价），与相对应的分项工程量相乘，得出分部分项工程的直接工程费。在此基础上，按照有关费用计算标准规定再计算措施费、企业管理费、利润、规费、税金，将直接工程费与上述费用相加，得出单位安装工程造价。然后在此基础上再计算其他费用、辅助设施工程费及动态费用等，最后得出工程项目的总造价。

（二）工料单价法的计价步骤

1. 准备工作

（1）熟悉施工图纸及准备有关资料。熟悉施工图，检查施工图是否齐全、尺寸是否清楚，了解设计意图，掌握工程全貌。此外，针对要编制预算的工程内容搜集有关资料，包括熟悉预算定额的使用范围、工程内容及工程量计算规则等。

（2）了解施工组织设计和施工现场情况。了解施工组织设计中影响工程造价有关内容，例如施工组织大纲、地形地质条件等。

2. 直接工程费计价

直接工程费具体计算步骤如下：①计算分项工程量。按照施工图的工程预算项目和预算定额规定的工程量计算规则，计算各分项工程量。②工程量汇总。各分项工程量计算完毕，经过复核无误后，按照预算定额规定的分部分项工程逐项汇总。③套用定额消耗量，并结合当时当地人、料、机市场单价计算单位工程直接工程费。

3. 计算建筑工程费

直接工程费确定以后，还须按照电力行业《电网工程建设预算编制及计算标准》的有关规定，分别计算措施费、企业管理费、规费、税金等费用，汇总得出单位建筑工程造价，然后将各单位安装工程造价汇总。

二、工程量清单计价法

（一）工程量清单计价的定义

工程量清单计价是建设工程招标投标中，根据国家（行业）统一的工程量清单计价规范，招标人委托具有资质的中介机构编制反映工程实体消耗和措施消耗的工程量清单，并作为招标文件的一部分提供给投标人，所有投标人依据工程量清单，按照施工设计图纸、施工现场情况、施工方案等，结合企业定额及市场价格或参照造价管理部门公布的《建设工程消耗量定额》，建设行政主管部门和工程造价主管机构的有关规定自主报价的计价方式。

电力建设工程从单一的定额计价模式转化为工程量清单计价与定额计价两种模式并存的格局，并将逐步实现工程量清单计价为主，定额计价为辅的工程计价管理目标。工程量清单计价的工程造价费用由分部工程项目费、措施项目费、其他项目费、零星项目费、规费和税金等构成。

（二）工程量清单编制

工程量清单是表现拟建工程的分部分项工程项目、措施项目、其他项目名称和相应数量的明细清单。它是由具有编制招标文件能力的招标人或受其委托具有相应资质的工程造价咨询机构、招标代理机构，按照设计文件，根据《变电工程计价规范》中统一的项目编码、项目名称、计量单位和工程量计算规则及附录规定的统一表格形式进行编制。编制内容及步骤如下：①编制分部分项工程量清单；②编制措施项目清单；③编制其他项目清单；④编制零星项目清单；⑤编制规费项目清单；⑥编制招标人采购材料表；⑦编写总说明封面；⑧编写封面；⑨装订成册。

（三）工程量清单计价的编制

由招标人统一提供的工程量清单只列主体项目，其“工程内容”与原定额计价模式下的分部分项工程的内涵并不完全相同，工程量计算规则也有区别，这就要求投标人在确定“综合单价”的过程中，要首先将每个清单项目，按照其结构特征或施工工序分解，直到分解为若干项目具体的“工程内容”（相当于传统定额计价时的分项工程或定额子目），再测算与其对应的人工、材料、机械台班消耗量及市场价格，才可以计价。因此，工程量清单计价编制内容包括工料机消耗量的确定、综合单价的确定、措施项目费的确定、零星项目费的确定与其他项目费的确定等。

1. 工料机消耗量的确定

工料消耗量应当是与清单项目对应的实际施工消耗量，它应当包括清单项目、围绕该清单项目施工的附属项目的工料机消耗量内容及施工、运输、安装等方面的所有损耗。在企业尚未建立内部消耗量定额或综合单价表的情况下，现在大多仍是沿用行业或地方定额和相关资料计算。

具体计算时分两种情况：一是直接套用定额子目；二是分别套用不同定额子目。①直接套用定额子目。当清单项目与定额项目的工程内容和项目特征完全一致时，就可以直接套用定额消耗量，计算出清单项目的工料机消耗量。②分别套用不同定额子目。当定额项目的工程内容与清单项目的工程内容不完全相同时，就须按定额子目构成分解清单项目工程内容，分别套用不同的定额消耗量，计算出清单项目的工料机消耗量。

2. 综合单价的确定

综合单价是指完成工程量清单中一个规定计量单位项目所需的人工费、材料费、机械使用费、企业管理费和利润，并要考虑风险因素。与工料单价相比较，综合单价将间接费和利润等费用按一定费率分摊到各分部分项工程上，从而使其反映承包人的收入，但由于它未包括规费、税金，仍然属于不完全费用单价。

按照行业定额，结合企业自身情况，根据投标人自行采集的市场价格或参照工程所在地工程造价管理机构发布的价格信息，确定人工、材料、施工机械台班价格和地形、风险因素，确定综合单价，仅是一种过渡，最终应当使用企业定额和市场价格信息计价，以反映本企业个别成本。

3. 措施项目费的确定

措施项目清单是为了完成工程项目施工，发生于该工程施工前和施工过程中技术、生活、安全等方面的措施消耗项目。招标人在编制措施项目清单时，只按照通常情况列项目名称，不提供具体施工方案，投标人报价时，须先拟定施工方案或施工组织设计，再按照施工现场和施工企业实际情况，确定要报的项目和价格。措施项目清单通常以“一项”为计价单位，一个措施项目报一个总价。每项措施项目都包含具体内容。每项措施项目清单，都须按照施工组织设计的要求及现场的实际情况，进行仔细拆分、详细计算才会有结果。一般可以采用以下四种方法确定：

（1）定额法计价

这种方法与分部分项综合单价的计算方法一样，主要是指一些与实际有紧密联系的项目，例如脚手架、模板、垂直运输设备等。

（2）公式参数法计价

在定额模式下，几乎所有的措施项目都采用这种办法。有些地区以定额的形式体现，就是按一定的基数乘系数的方法或自定义公式进行计算。公式参数法计价方法主要适用于施工过程中必须发生，但在投标时很难具体分析分项预测，又无法单独列出项目内容的措施项目，如冬雨季施工增加费、施工工具用具使用费、临时设施费等，可以以人工费或直接工程费为基础乘以适当的系数确定。

（3）实物量法计价

这种方法是最基本的，也是最能反映投标人个别成本的计价方法。它是按投标人现在的情况，预测将要发生的每一项费用的合计数，并且考虑一定的浮动因数及其他社会环境影响因数。

（4）分包法计价

在分包价格的基础上，增加投标人的管理费及风险进行计价的方法。这种方法适合可以分包的独立项目，例如大型机械进出场及安装、拆卸等。

4. 其他项目费的确定

其他项目清单费是指预留金、材料购置费（仅指由招标人购置的材料费）、总承包服务费、零星工程项目费等估算金额总和，包括人工费、材料费、机械费、管理费、利润及风险费。

其他项目清单由招标人与投标人两部分内容组成，由招标人提供。由于工程项目的复杂性，在施工之前，很难预料在施工过程中会发生什么变更，所以招标人按估算的方法将这部分费用以其他项目的形式列出，由投标人按规定组价，包括在总价内。

分部分项工程综合单价、措施项目费均是由投标人自由组价，但其他项目费不一定是投标人自由组价，因为其他项目费包括招标人部分和投标人部分，招标人部分属非竞争性项目，这就要求投标人按照招标人提供的数量及金额进行报价，不允许投标人对价格进行调整；投标人部分属竞争性费用，名称、数量由招标人提供，价格由投标人自主确定。

（1）总承包服务费

总承包服务费是投标人为配合协调招标人工程分包和材料采购所需的费用，应按照经验及工程分包特点，按照分包项目金额的一定百分比计算。

（2）零星工作项目费

零星工作项目费是招标人列出的未来可能发生的工程量清单以外的，不能以实物计量与定价的零星工作。招标人用“零星工作项目表”的形式详细列出人工、材料、机械名称和相应数量，投标人在此表内组价。计价时，应当以招标人列出的“零星工作项目表”中的内容填写综合单价和合价，综合单价还应当考虑管理费、利润和风险等。

5. 规费和税金的确定

(1) 规费

规费是指政府有关部门规定必须缴纳的费用，它属于行政费用。规费包括工程排污费、工程定额测定费、养老保险费、失业保险费、医疗保险费、住房公积金、危险作业意外伤害保险等。采用综合单价法报价时，规费不包含在清单项目综合单价内，而是以单位工程为单位。

(2) 税金

税金是指国家税法规定的应计入工程造价的营业税、城市维护建设税及教育费附加。它是国家为实现其职能向纳税人按规定税率征收的货币金额。

采用综合单价法编制标底和报价时，税金不包含在清单项目的综合单价内，而是以单位工程为单位。

第三节　电力工程项目费用计划与控制

一、施工费用计划的编制

(一) 施工费用计划的编制依据

施工费用计划的编制依据一般包括投标报价书、施工预算、施工组织设计或施工方案，还包括人工、材料、构配件、施工机械的消耗水平和市场价格或按照当时实际参数测算的单价以及签订的各种合同等。

(二) 施工费用计划的种类

按费用计划所反映工程内容的不同，施工费用计划可以分为按子项目组成编制施工费用计划和按工程进度编制施工费用计划两种。

1. 按照子项目组成编制施工费用计划

一般一个工程项目可以由若干个单项工程组成，一个单项工程又可以由若干个单位工程组成，而一个单位工程还可以分解成若干个分部、分项工程。同样，一个工程项目的费用是由若干个单项工程费用组成，一个单项工程的费用是由若干个单位工程费用组成，而一个单位工程的费用是由若干个分部、分项工程的费用所组成的。可以按照各个分部、分项工程所要完成的工程数量，结合这些分部、分项工程对劳动要素的单位消耗量，计算出各种劳动要素的消耗量；用施工过程中所消耗掉的人工数量、材料数量、机械台班数乘以各自的单价，再加上属于费用范围之内的其他费用，就构成了施工费用。之后，结合管理的目标，最后确定施工费用计划。当所编制的施工费用计划包含了若干个分部分项工程时，这份施工费用计划就包括了所有这些分部分项工程的费用。

2. 按照工程进度编制施工费用

费用计划与施工计划是密不可分的，完成的工程量越多，相应的施工费用也会越高。按照工程进度编制施工费用是一种常见的施工费用编制类型。在按照工程进度编制施工费用时，首先必须确定工程的时间进度计划，该计划一般可以用横道图或网络图的形式表示。按照施工的时间进度计划所确定的各子项目的开始时间与结束时间，以及在某一时间段里所要完成的各子项目进度计划，就能够确定出在这个时间段里的计划施工费用，计划的时间段越长，计划施工费用也就越高。表示施工费用计划的方式主要有 S 曲线法与“香蕉”曲线法两种方式。

二、施工费用计划的控制方法——偏差分析法

（一）偏差分析的概念

1. 偏差

在施工费用控制中的偏差是指施工费用的实际值与计划值的差异。费用偏差计算的结果若是正数意味着施工费用超支，结果若为负则表示施工费用节约。

2. 偏差分析

偏差分析就是对在施工过程中发生的费用偏差进行原因分析。造成费用偏差的因素有很多，例如施工进度、劳动要素的价格和单耗等都是进行费用偏差分析的对象；不仅要分析产生费用偏差的原因，还要分析这些因素对施工费用的影响方向和影响程度。如前所述，造成施工费用出现偏差的因素有很多。须要特别指出的是，施工进度对施工费用偏差分析的结果有重要影响，若在偏差分析时不加以考虑就无法正确反映施工费用偏差的实际情况。不难理解，当某一阶段施工费用超支，其原因有可能是单耗超出定额或（和）价格上涨，也有可能就是由于工程进度提前所造成的。进度偏差计算的结果若是正数意味着施工进度滞后、被延误，结果若为负则表示施工进度提前、速度加快。

（二）偏差分析的方法

偏差分析可以采取不同的方法，下面主要介绍常用的横道图法、表格法和曲线法。

1. 横道图法

用横道图法进行偏差分析，是用不同的横向放置的矩形条（横道）来标识已完工程计划费用、已完工程实际费用和拟完工程计划费用，横道的长度与施工费用的数额成正比。进行偏差分析时，费用偏差和进度偏差的差额可以用横道或数字表示。

横道图法具有形象、直观和一目了然的优点，它能够明确地反映出施工费用的绝对偏差，让人一眼便能感受到偏差的严重性。但是，这种方法的缺点是所能提供的信息量较小。

2. 表格法

表格法是进行偏差分析最常用的一种方法，它可以按照项目的数据来源、数据参数和施工费用控制要求等条件来设计表格，具有适用性强、提供的信息量大等优点。

3. 曲线法

曲线法是通过绘制施工费用累计曲线（S 曲线）的方式进行施工费用偏差分析的一种方法。在利用曲线法进行施工费用偏差分析时，一般要在一张表中绘制三条曲线，即已完工程实际费用曲线、已完工程计划费用曲线、拟完工程计划费用曲线。

利用曲线法进行分析同样具有形象、直观的特点，如果能做到精确绘制曲线图的话，该方法也不失是一种较好的定量分析方法。

三、项目进度与费用的协调控制

（一）关键比值法

在大型工程项目的控制中，一般通过计算一组关键比值加强控制分析。将实际进度与计划进度的比值称为进度比值，将预算费用与实际费用的比值称为费用比值。关键比值是由进度比值和费用比值组成，是这两个独立比值的乘积。单独分析项目进度比值和费用比值，由其计算式可知，当它们大于 1 时，说明项目的进程状态或实施绩效是好的。一般来说，关键比值应当控制在 1 附近。对于不同的工程项目、不同的项目工作，要求关键比值的控制范围不同。越是重要的、投资大的项目或工作单元，允许关键比值偏离 1 的距离越小。

（二）基于网络计划的进度费用控制

根据网络分析技术可知，在工程项目的所有项目工作中，只有关键工序会影响项目的施工进度。在一般情况下，项目中工作单元的进度和费用又呈反方向变化，即减少某些资源（如人力、设备）的投入可以降低费用，但是肯定会延长工期。上述原理给我们提供了一种进度与费用的协调控制思路，即如果要降低项目后续工作的费用而不影响工期，只能在非关键工作单元（工序）上想办法。非关键工序由于存在时差，可以通过资源调整，适当延长其持续时间，以不超过允许时差为约束，达到降低项目费用的目的。如果要赶进度，只有在项目的关键工作的工作时间缩短时，项目的进度才有可能提前。有些供用电工程项目中，由于受合同工期的约束，应当使用网络分析的方法协调费用和进度，并且兼顾工期延误违约损失，才会使工程项目达到最优控制的方法。

第四节　电力工程项目成本计划与控制

一、电力工程项目成本计划

（一）电力工程项目成本计划的组成

1. 直接成本计划

电力工程项目直接成本计划的具体内容包括：①编制说明。编制说明主要是指对工程的范围、投标竞争过程及合同条件、承包人对项目经理提出的责任成本目标、项目成本计划编制的指导思想和依据等的具体说明。②项目成本计划的指标。项目成本计划的指标应当经过科学的分析预测确定，可以采用对比法、因素分析法等进行测定。③按照成本性质划分的单位工程成本汇总表，按照清单项目的造价分析，分别对人工费、材料费、措施费、机械费、企业管理费和税费进行汇总，形成单位工程成本计划表。④项目成本计划应当在项目实施方案确定和不断优化的前提下进行编制，因为不同的实施方案将导致直接工程费、措施费和企业管理费的差异。成本计划的编制是项目成本预控的重要手段。因此，应当在工程开工之前编制完成，便于将成本计划目标分解落实，为各项成本的执行提供明确的目标、控制手段和管理措施。

2. 间接成本计划

间接成本计划反映了施工现场管理费用的计划数、预算收入数及降低额。间接成本计划应当按照工程项目的核算期，以项目总收入费的管理费为基础，制订各部门费用的收支计划，汇总后作为工程项目的管理费用的计划。在间接成本计划中，收入应当与取费口径一致，支出应与会计核算中管理费用的二级科目一致。间接成本的计划的收支总额，应当与项目成本计划中管理费一栏的数额相符。各部门应当根据节约开支、压缩费用的原则，制定“管理费用归口包干指标落实办法”，以确保该计划的实施。

（二）电力工程项目成本计划编制的依据

电力工程项目成本计划编制的依据主要有：①承包合同。合同文件除了包括合同文本外，还包括招标文件、投标文件与设计文件等，合同中的工程内容、数量、质量、规格、工期和支付条款均将影响工程的成本计划，因此承包方在签订合同前应进行认真的研究与分析，在正确履约的前提下降低工程成本。②项目管理实施规划。工程项目施工组织设计文件为核心的项目实施技术方案与管理方案，是在充分调查和研究现场条件及有关法规条件的基础上进行制定的，不同实施条件下的技术方案和管理方案，将导致工程成本的不同。③可行性研究报告和相关设计文件。④生产要素的价格信息。⑤反映企业管理水平的消耗定额（企业施工定额）以及类似工程的成本资料等。

（三）电力工程项目成本计划编制的程序

编制成本计划的程序，因项目的规模大小、管理要求不同而不相同。大、中型项目一般采用分级编制的方式，即先由各部门提出部门成本计划，再由项目经理部汇总编制全项目工程的成本计划；小型项目一般采用集中编制的方式，即由项目经理部先编制各部门成本计划，再汇总编制全项目的成本计划。

二、电力工程项目成本控制

（一）电力工程项目成本控制的依据

1. 项目承包合同文件

项目成本控制要以电力工程承包合同为依据，围绕降低电力工程成本这个目标，从预算收入和实际成本两方面，努力挖掘增收节支潜力，以求获得最大的经济效益。

2. 项目成本计划

项目成本计划是按照电力工程项目的具体情况制订的施工成本控制方案，既包括预定的具体成本控制目标，又包括实现控制目标的措施和规划，是项目成本控制的指导文件。

3. 进度报告

进度报告提供了每一时刻工程实际完成量，电力工程施工成本实际支付情况等重要信息。施工成本控制工作正是通过实际情况与施工成本计划相比较，找出两者之间的差别，分析偏差产生的原因，从而采取措施改进以后的工作。此外，进度报告还有助于管理者及时发现工程实施中存在的隐患，并在事态还未造成重大损失之前采取有效措施，尽可能避免损失。

4. 工程变更与索赔资料

在电力工程项目的实施过程中，出于各方面的原因，工程变更是很难避免的。工程变更一般包括设计变更、进度计划变更、施工条件变更、技术规范与标准变更、施工次序变更、工程数量变更等。一旦出现变更，工程量、工期及成本都必将发生变化，从而使得施工成本控制工作变得更加复杂和困难。

（二）电力工程项目成本控制的程序

电力工程项目成本控制应遵循下列程序：①收集实际成本数据；②实际成本数据与成本计划目标进行比较；③分析成本偏差及原因；④采取措施纠正偏差；⑤必要时修改成本计划；⑥根据规定的时间间隔编制成本报告。

（三）电力工程项目成本的价值工程

1. 价值工程的基本概念

价值工程中的“价值”是指评价某一对象所具备的功能与实现它的耗费相比合理程度的尺度。这里的“对象”可以是产品，也可以是工艺、劳务等。价值工程中价值的大小取决于功能和成本。产品价值的高低表明产品合理有效地利用资源的程度。产品价值高，其资源利用程度就高；反之，价值低的产品，其资源就未得到有效的利用，就应设法改进和提高。

2. 价值工程

价值工程以功能分析为核心，使产品或作业达到适当的价值，即以最低的成本实现其必要功能的一项有组织的创造性活动。价值工程的定义包括以下四方面的含义：①价值工程的性质属于一种“思想方法与管理技术”。②价值工程的核心内容是对“功能与成本进行系统分析”与“不断创新”。③价值工程的目的在于提高产品的“价值”。如果将价值的定义结合起来，便应理解为旨在提高功能对成本的比值。④价值工程一般是由多个领域协作而开展的活动。

3. 价值工程的特征

（1）价值工程的目标是以最低的寿命周期成本，使产品具备它所必须具备的功能。产品的寿命周期成本由生产成本和使用及维护成本组成。产品生产成本一般是指发生在生产企业内部的成本，也是用户购买产品的费用，包括产品的科研、实验、设计、试制、生产、销售等费用及税率等；而产品使用及维护成本一般是指用户在使用过程中支付的各种费用的总和，它包括使用过程中的能耗费用、维修费用、人工费用、管理费用等，有时还要包括报废拆除所需费用（扣除残值）。

由此可见，工程产品的寿命周期成本与其功能是辩证统一的关系。工程产品寿命周期成本的降低不仅关系到生产企业的利益，同时也可满足用户的要求，并与社会节约密切相关。

（2）价值工程的核心是对产品进行功能分析。价值工程中的功能是指对象能够满足某种要求的一种属性，具体来说，功能就是效用。价值工程分析产品，首先不是分析其结构，而是分析其功能。在分析功能的基础之上，再去研究结构、材质等问题。

（3）价值工程将产品价值、功能和成本作为一个整体同时来考虑。这就是说，价值工程中对价值、功能、成本的考虑，不是片面和孤立的，而是在确保产品功能的基础上综合考虑生产成本与使用成本，兼顾生产者和用户的利益，从而创造出总体价值最高的产品。

（4）价值工程强调不断改革与创新，开拓新构思、新途径，获得新方案，创造新功能载体，从而简化产品的结构，节约原材料，提高产品的技术经济效益。

（5）价值工程要求将功能定量化，即将功能转化为能够与成本直接相比的量化值。

（6）价值工程是以集体智慧开展的有计划、有组织的管理活动。价值工程研究的问题主要涉及产品的整个寿命周期，涉及面广，研究过程复杂。例如，提高产品的价值，涉及产品的设计、制造、采购和销售等过程，这不能靠个别人员和个别部门，而要经过许多部门和环节的配合，才能收到良好的效果。因此，企业在开展价值工程活动时，应当集中人才，包括技术人员、经济管理人员、有经验的工作人员，甚至包括产品用户，以适当的组织形式组织起来，共同研究，依靠集体的智慧和力量，发挥各方面、各环节人员的知识、经验和积极性，有计划、有领导、有组织地开展活动，这样才能达到既定的目标。

第五节　电力工程项目成本核算与分析

一、电力工程项目成本核算

（一）电力工程项目成本核算的概念

电力工程项目成本核算是在项目法施工条件下诞生的，是企业探索适合行业特点管理方式的一个重要体现。它是建立在企业管理方式与管理水平基础上，适合施工企业特点的一个降低成本开支、提高企业利润水平的主要途径。

项目法施工的成本核算体系是以电力工程项目为对象，对施工生产过程中各项耗费进行的一系列科学管理活动。它对加强项目全过程管理、理顺项目各层经济关系、实施项目全过程经济核算、落实项目责任制、增进项目及企业的经济活动和社会效益、深化项目法施工有着重要的作用。

（二）电力工程项目成本核算的原则

1. 确认原则

在电力工程项目成本管理中，对各项经济业务中发生的成本，都必须按照一定的标准和范围加以认定和记录。只要是为了经营目的所发生的或预期要发生的，并要求得以补偿的一切支出，都应作为成本来加以确认。正确的成本确认通常与一定的成本核算对象、范围和时期相联系，并必须按照一定的确认标准来进行。这种确认标准具有相对的稳定性，主要侧重定量，但也会随着经济条件和管理要求的发展而变化。在成本核算过程中，一般要进行再确认，甚至是多次确认。如确认是否属于成本，是否属于特定核算对象的成本（比如临时设施先算搭建成本，使用后算摊销费）以及是否属于核算当期成本等。

2. 相关性原则

成本核算要为项目成本管理目标服务。成本核算不只是简单的计算问题，同时要与管理融为一体，算为管用。因此，在具体成本核算方法、程度和标准的选择上，在成本核算对象和范围的确定上，应与施工生产经营特点和成本管理要求特性结合，并与项目一定时期的成本管理水平相适应。正确核算出符合项目管理目标的成本数据和指标，真正使项目成本核算成为领导的参谋和助手。无管理目标，成本核算就是盲目和无益的，无决策作用的成本信息就是没有价值的。

3. 及时性原则

及时性原则主要是指项目成本的核算、结转和成本信息的提供应当在所要求的时期内完成。要指出的是，成本核算及时性原则，并不是越快越好，而是以确保真实为前提，要求成本核算与成本信息的提供在规定的时期内核算完成，在成本信息尚未失去时效的情况下适时提供，确保不影响项目其他环节核算工作的顺利进行。

4. 重要性原则

重要性原则主要是指对于成本有重大影响的业务内容，应作为核算的重点，力求精确，而对于那些不太重要的琐碎的经济业务内容，可相对从简处理，不要事无巨细，均做详细核算。坚持重要性原则能够使成本核算在全面的基础上确保重点，有助于加强对经济活动和经营决策有重大影响和有重要意义的关键性问题的核算，达到事半功倍，简化核算，节约人力、物力、财力，提高工作效率的目的。

5. 分期核算原则

施工生产是连续不断的，项目为了取得一定时期的项目成本，就必须将施工生产活动划分若干时期，并分期计算各期项目成本。成本核算的分期应当与会计核算的分期相一致。成本的分期核算，与项目成本计算期不能混为一谈。不论生产情况如何，成本核算工作，包括费用的归集和分配等都必须按月进行。至于已完项目成本的结算，可以是定期的，按月结转；也可以是不定期的，等到工程竣工之后一次结转。

6. 明晰性原则

明晰性原则主要是指项目成本记录必须直观、清晰、简明、可控，便于理解和利用，使项目经理和项目管理人员了解成本信息的内涵，弄懂成本信息的内容，以便利用信息，有效地控制本项目的成本费用。

7. 权责发生制原则

凡是当期已经实现的收入和已经发生或应当负担的费用，无论款项是否收付，均应作为当期的收入或费用处理；凡是不属于当期的收入和费用，即使款项已经在当期收付，均不应作为当期的收入和费用。权责发生制原则主要从时间选择上确定成本会计确认的基础，其核心是按照权责关系的实际发生和影响期间来确认企业的支出和收益。

8. 一贯性原则

项目成本核算所采用的方法一经确定，不得随意变动。只有这样，才能够使企业各期成本核算资料口径统一、前后连贯、相互可比。成本核算办法的一贯性原则体现在各个方面，比如耗用材料的计价方法，折旧的计提方法，施工间接费的分配方法，未施工的计价方法等。坚持一贯性原则，并不是一成不变，如确实有必要变更，要有充分的理由对改变原成本核算方法的必要性做出解释，并说明这种改变对成本信息的影响。若随意变动成本核算方法，并不加以说明，则有对成本、利润指标、盈亏状况弄虚作假的嫌疑。

9. 谨慎原则

谨慎原则主要是指在市场经济条件下，在成本、会计核算当中应对项目可能发生的损失和费用，做出合理预计，以增强抵御风险的能力。

10. 配比原则

配比原则是指营业收入与其对应的成本、费用应当相互配合。为了取得本期收入而发生的成本和费用，应与本期实现的收入在同一时期内确认入账，不得脱节，也不得提前或延后，以便于正确计算和考核项目经营成果。

11. 实际成本核算原则

要采用实际成本计价。采用定额成本或者计划成本方法的，应合理计算成本差异，月终编制会计报表时，调整为实际成本。即必须按照计算期内实际产量（已完工程量）以及实际消耗和实际价格计算实际成本。

12. 划分收益性支出与资本性支出原则

划分收益性支出与资本性支出主要是指成本、会计核算应当严格区分收益性支出与资本性支出界限，以正确地计算当期损益。所谓收益性支出是指该项目支出发生是为了取得本期收益，即仅仅与本期收益的取得有关，例如支付工资、水电费支出等。所谓资本性支出是指不仅为取得本期收益而发生的支出，同时该项支出的发生有助于以后会计期间的支出，如构建固定资产支出。

（三）电力工程项目成本核算的过程

电力工程成本的核算程序，实际上也是各成本项目的归集和分配的过程。成本的归集是指通过一定的会计制度，以有序的方式进行成本数据的收集和汇总；而成本的分配是指将归集的间接成本分配给成本对象的过程，也称间接成本的分摊或分派。因此，对于不同性质的成本项目，分配的方法也不尽相同。

通常来说，根据电力工程费用产生的原因，工程直接费在计算工程造价时可按照定额和单位估价表直接列入，但是在项目多的单位工程施工情况下，实际发生时却有相当部分费用也须通过分配方法计入。间接成本通常按照一定标准分配计入成本核算对象——单位工程。实行项目管理进行项目成本核算的单位，发生间接成本可以直接计入项目，但须分配计入单位工程。

1. 人工费的归集和分配

（1）内包人工费

主要指两层分开后企业所属的劳务分公司（内部劳务市场自有劳务）与项目经理签订的劳务合同结算的全部工程价款。适用于类似外包工式的合同定额结算支付办法，按月结算计入项目单位工程成本。当月结算，隔月不予结算。

（2）外包人工费

按照项目经理部与劳务基地（内部劳务市场外来劳务）或直接与外单位施工队伍签订的包清工合同，以当月验收完成的工程实物量，计算出定额工日数，然后乘以合同人工单价确定人工费。并按月凭项目经济员提供的“包清工工程款月度成本汇总表”（分外包单位和单位工程）预提计入项目单位工程成本。当月结算，隔月不予结算。

2. 材料费的归集和分配

（1）工程耗用的材料

按照限额领料单、退料单、报损报耗单、大堆材料耗用计算单等，由项目料具员按照单位工程编制“材料耗用汇总表”，据以计入项目成本。

（2）钢材、水泥、木材高进高出价差核算

①标内代办。指“三材”差价列入工程预算账单内作为造价组成部分。一般由项目经理部委托材料分公司代办，由材料分公司向项目经理部收取价差费。由项目成本员按照价差发生额，一次或分次提供给项目负责统计的经济员报出产值，以便及时回收资金。月度结算成本时，为谨慎起见可不做降低，而做持平处理，使预算与实际同步。单位工程竣工结算，按照实际消耗量调整实际成本。

②标外代办。指由建设单位直接委托材料分公司代办三材，其发生的“三材”差价，由材料分公司与建设单位按照代办合同口径结算。项目经理部不发生差价，亦不列入工程预算账单内，不作为造价组成部分，可做类似于交料平价处理。项目经理部只核算实际耗用，超过设计预算用量的那部分量差及应负担市场高进高出的差价，并计入相应的项目单位工程成本。

（3）通常价差核算

①提高项目材料核算的透明度，简化核算，做到明码标价。通常可按照一定时间内部材料市场挂牌价作为材料记账，材料、财务账相符的“计划价”，两者对比产生的差异，计入项目单位工程成本，即所谓的实际消耗量调整后的实际价格。如市场价格发生较大变化，可适时调整材料记账的“计划价”，以便缩小材料成本差异。

②钢材、水泥、木材、玻璃、沥青按照实际价格核算，高于预算取费的差价，高进高出，谁用谁负担。

③装饰材料按照实际采购价作为计划价核算，计入该项目成本。

④项目对外自行采购或按照定额承包供应材料，如砖、瓦、砂、石、小五金等，应按照实际采购价或按照议定供应价格结算，由此产生的材料、成本差异节超，相应增减项目成本。同时重视转嫁压价让利风险，获取材料采购经营利益。

3. 周转材料的归集和分配

（1）周转材料实行内部租赁制，以租费的形式反映其消耗情况，按照“谁租用谁负担”的原则，核算其项目成本。

（2）按照周转材料租赁办法和租赁合同，由出租方与项目经理部按月结算租赁费。租赁费按照租用的数量、时间和内部租赁单价计算计入项目成本。

（3）周转材料在调入移出时，项目经理部都必须加强计量验收制度，如有短缺、损坏，一律按照原价赔偿，计入项目成本（缺损数=进场数-退场数）。

（4）租用周转材料的进退场运费，按照其实际发生数，由调入项目负担。

（5）对U形卡、脚手扣件等零件除执行项目租赁制外，考虑到其比较容易散失的因素，因此按照规定实行定额预提摊耗，摊耗数计入项目成本，相应减少次月租赁基数及租赁费。单位工程竣工，必须进行盘点，盘点后的实物数与前期逐月按照控制定额摊耗后的数量差，按照实调整清算计入成本。

（6）实行租赁制的周转材料，通常不再分配负担周转材料差价。退场后发生的修复整理费用，应由出租单位做出租成本核算，不再向项目另行收费。

4. 结构件的归集和分配

（1）项目结构件的使用，必须有领发手续，并按照这些手续，根据单位工程使用对象编制结构件耗用月报表。

（2）项目结构件的单价，以项目经理部与外加工单位签订的合同为准，计算耗用金额进入成本。

（3）按照实际施工形象进度、已完施工产值的统计、各类实际成本报耗三者在月度时点上的三同步原则（配比原则的引申与应用），结构件耗用的品种及数量应与施工产值相对应。结构件数量金额账的结存数，应与项目成本员的账面余额相符。

（4）结构件的高进高出价差核算同材料费的高进高出价差核算一致。结构件内三材数量、单价、金额均按照报价书核定，或按照竣工结算单的数量按实结算。报价内的节约或超支由项目自负盈亏。

（5）如发生结构件的通常价差，可计入当月项目成本。

（6）部位分项分包，如铝合金门窗、卷帘门、轻钢龙骨石膏板、平顶、屋面防水等，根据企业一般采用的类似结构件管理和核算方法，项目经济员必须做好月度已完工程部分验收记录，正确计报部位分项分包产值，并书面通知项目成本员及时、正确、足额计入成本。预算成本的折算、归类可与实际成本的出账保持同口径。分包合同价可包括制作费和安装费等有关费用，工程竣工按照部位分包合同结算书，据以按实调整成本。

（7）在结构件外加工和部位分包施工过程中，项目经理部通过自身努力获取的经营利益或转嫁压价让利风险所产生的利益，均应受益于工程项目。

5. 机械使用费的归集和分配

（1）机械设备实行内部租赁制，以租赁费形式反映其消耗情况，按照“谁租用谁负担”的原则，核算其项目成本。

（2）按照机械设备租赁办法和租赁合同，由企业内部机械设备租赁市场与项目经理部按月结算租赁费。租赁费按照机械使用台班，停置台班和内部租赁单价计算，计入项目成本。

（3）机械进出场费，按照规定由承租项目负担。

（4）项目经理部租赁的各类大、中、小型机械，其租赁费全额计入项目机械费成本。

（5）按照内部机械设备租赁市场运行规则要求，结算原始凭证由项目指定专人签证开班和停班数，据以结算费用。现场机、电、修等操作工奖金由项目考核支付，计入项目机械费成本并分配到有关单位工程。

（6）向外单位租赁机械，按照当月租赁费用全额计入项目机械费成本。

上述机械租赁费结算，尤其是大型机械租赁费及进出场费应与产值对应，防止只有收入无成本的不正常现象，或反之，形成收入与支出不配比状况。

6. 施工措施费的归集和分配

（1）施工过程中的材料二次搬运费，按照项目经理部向劳务分公司汽车队托运汽车包天或包月租费结算，或以运输公司的汽车运费计算。

（2）临时设施摊销费按照项目经理部搭建的临时设施总价（包括活动房）除项目合同工期求出每月应摊销额，临时设施使用一个月摊销一个月，摊完为止，项目竣工搭拆差额（盈亏）按实调整实际成本。

（3）生产工具用具使用费。大型机动工具、用具等可以套用类似内部机械租赁办法以租费形式计入成本，也可按照购置费用一次摊销法计入项目成本，并做好在用工具实物借用记录，以便反复利用。生产工具用具的修理费按照实际发生数计入成本。

（4）除上述以外的措施费内容，均应按照实际发生的有效结算凭证计入项目成本。

7. 施工间接费的归集和分配

（1）要求以项目经理部为单位编制工资单和奖金单列入工作人员薪金。项目经理部工资总额每月必须正确核算，以此计入职工福利费、工会经费、教育经费、劳保统筹费等。

（2）劳务分公司所提供的炊事人员代办食堂承包、服务，警卫人员提供区域岗点承包服务以及其他代办服务费用计入施工间接费。

（3）内部银行的存贷款利息，计入“内部利息”（新增明细子目）。

（4）施工间接费，先在项目“施工间接费”总账归集，再按照一定的分配标准计入受益成本核算对象（单位工程）“工程施工-间接成本”。

8. 分包工程成本的归集和分配

项目经理部将所管辖的个别单位工程双包或以其他分包形式发包给外单位承包，其核算要求如下：

（1）包清工工程，如前所述纳入“人工费—外包人工费”内核算。

（2）部位分项分包工程，如前所述纳入结构件费内核算。

（3）双包工程，是指将整幢建筑物以包工包料的形式分包给外单位施工的工程。可按照承包合同取费情况和发包（双包）合同支付情况，即上下合同差，测定目标盈利率。在月度结算时，以双包工程已完工程价款做收入，应付双包单位工程款做支出，适当负担施工间接费预结降低额。为稳妥起见，拟控制在目标盈利率的50%以内，也可以月结成本时做收支持平，在竣工结算时，再据实调整实际成本，反映利润。

（4）机械作业分包工程，是指利用分包单位专业化施工优势，将打桩、吊装、大型土方、深基础等工程项目分包给专业单位施工的形式。对机械作业分包产值统计的范围是，只统计分包费用，而不包括物耗价值。即打桩只计打桩费而不计桩材费，吊装只计吊装费而不包括构件费。机械作业分包实际成本与此对应，包括分包结账单内除工期奖之外的全部工程费用，总体反映其全貌成本。

与双包工程一样，总分包企业合同差，包括总包单位管理费，分包单位让利收益等在月结成本时，可以先预结一部分，或在月结时做收支持平处理，到项目竣工结算时，再作为项目效益反映。

（5）上述的双包工程和机械作业分包工程由于收入和支出比较容易辨认（计算），因此项目经理部也可以对这两项分包工程，采用竣工点交办法，即月度不结盈亏。

（6）项目经理部应当增设“分建成本”成本项目，核算反映双包工程，机械作业分包工程的成本状况。

（7）各类分包形式（特别是双包），对分包单位领用、租用、借用本企业物资、工具、设备、人工等费用，必须按照项目经管人员开具的且经过分包单位指定专人签字认可的专用结算单据，如“分包单位领用物资结算单”或“分包单位租用工、用具设备结算单”等结算依据入账，抵作已付分包工程款。同时，应注意对分包资金的控制，分包付款、供料控制，主要应依据合同及用料计划实施制约，单据应当及时流转结算，账上支付额（包括抵作额）不得突破合同。要注意阶段控制，防止项目资金失控，引起成本亏损。

（四）电力工程项目成本核算的方法

1. 项目成本表格核算法

项目成本表格核算法是建立在内部各项成本核算基础上、各要素部门和核算单位定期采集信息，填制相应的表格，通过一系列的表格，形成项目成本核算体系，作为支撑项目成本核算平台的方法。

表格核算法须依靠众多部门和单位支持，专业性要求不高。一系列表格，由有关部门和相关要素提供单位按照有关规定填写、完成数据比较、考核和简单的核算。它的优点是比较简洁明了，直观易懂，易于操作，实时性较好。缺点，一是覆盖范围较窄，如核算债权债务等比较困难；二是较难实现科学、严密的审核制度，有可能造成数据失实，精度较差。

表格核算法通常有以下过程：

（1）确定项目责任成本总额

首先按照确定“项目责任成本总额”分析项目成本收入的构成。

（2）项目编制内控成本和落实岗位成本责任

在控制项目成本开支的基础上，在落实岗位成本考核指标的基础上，制定“项目内控成本”。

（3）项目责任成本和岗位收入调整

一般指岗位收入变更表，工程施工过程中的收入调整和签证而造成的工程报价变化或项目成本收入的变化，以后者的变化更为重要。

（4）确定当期责任成本收入

在已确认的工程收入的基础上，按月确定本项目的成本收入。这项工作通常由项目统计员或合约预算人员与公司合约部门或统计部门，依据项目成本责任合同中有关项目成本收入确认方法和标准，进行计算。

（5）确定当月的分包成本支出

项目依据当月分部分项的完成情况，结合分包合同和分包商提出的当月完成产值，确定当月的项目分包成本支出，编制“分包成本支出预估表”，这项工作通常是由施工员提出，预算合约人员初审，项目经理确认，公司合约部门批准的程序。

（6）材料消耗的核算

以经审核的项目报表为准，由项目材料员和成本核算员计算后，确认其主要材料消耗值和其他材料的消耗值。在分清岗位成本责任的基础上，编制材料耗用汇总表。由材料员依据各施工员开具的领料单汇总计算的材料费支出，经项目经理确认之后，报公司物资部门批准。

（7）周转材料租用支出的核算

以施工员提供的或财务转入项目的租费确认单为基础，由项目材料员汇总计算，在分清岗位成本责任的前提下，经公司财务部门审核后，落实周转材料租用成本支出，项目经理批准后，编制其费用预估成本支出。若是租用外单位的周转材料，还要经过公司有关部门审批。

（8）水、电费支出的核算

以机械管理员或财务转入项目的租费确认单为基础，由项目成本核算员汇总计算，在分清岗位成本责任的前提下，经公司财务部门审核之后，落实周转材料租用成本支出，项目经理批准后，编制其费用成本支出。

（9）项目外租机械设备的核算

项目外租机械设备主要是指项目从公司或公司从外部租入用于项目的机械设备。从项目来说，不管此机械设备是公司的产权，还是公司从外部临时租入用于项目施工的，对于项目而言都是从外部获得。周转材料也是这个性质，真正属于项目拥有的机械设备，一般只有部分小型机械设备或部分大型工器具。

（10）项目自有机械设备、大小型工器具摊销、CI 费用分摊、临时设施摊销等费用开支的核算

由项目成本核算员按照公司规定的摊销年限，在分清岗位成本责任的基础上，计算按期进入成本的金额。经公司财务部门审核并经项目经理批准后，按月计算成本支出金额。

（11）现场实际发生的措施费开支的核算

由项目成本核算员按照公司规定的核算类别，在分清岗位成本责任的基础上，根据当期实际发生的金额，计算进入成本的相关明细。经公司财务部门审核并经项目经理批准后，按月计算成本支出金额。

（12）项目成本收支核算

根据已确认的当月项目成本收入和各项成本支出，由项目会计编制。经项目经理同意，公司财务部门审核之后，及时编制项目成本收支计算表，完成当月的项目成本收支确认。

（13）项目成本总收支的核算

首先由项目预算合约人员与公司相关部门，按照项目成本责任总额和工程施工过程中的设计变更，以及工程签证等变化因素，落实项目成本总收入。由项目成本核算员与公司财务部门，按照每月的项目成本收支确认表中所反映的支出与耗费，经有关部门确认和依据相关条件调整之后，汇总计算并落实项目成本总支出。在以上基础上由成本核算员落实项目成本总的收入、总的支出和项目成本降低水平。

2. 项目成本会计核算法

会计核算法主要是指建立在会计核算基础上，利用会计核算所独有的借贷记账法和收支全面核算的综合特点，按照项目成本内容和收支范围，组织项目成本核算的方法。

会计核算法是以传统的会计方法为主要手段，组织进行核算。会计核算法有核算严密、逻辑性强、人为调节的可能因素较小、核算范围较大的特点。会计核算法之所以严密，是因为它建立在借贷记账法基础上。收和支、进和出，均有另一方做备抵。如购进的材料进入成本少，那这该进而未进成本的部分，就会一直挂在项目库存的账上。会计核算不仅核算项目的施工直接成本，而且还要核算项目的施工生产过程中出现的债权债务，项目为施工生产而自购的料具、机具摊销及向业主的结算，责任成本的计算和形成过程、收款、分包完成及分包付款等。不足的一面是对专业人员的专业水平要求较高，要求成本会计的专业水平和职业经验较丰富。

在使用会计法核算项目成本时，项目成本直接在项目上进行核算的称为直接核算，不直接在项目上进行核算的称为间接核算。介于直接核算与间接核算之间的是列账核算。

（1）项目成本的直接核算

工程项目除了及时上报规定的工程成本核算资料外，还要直接进行项目施工的成本核

算，编制会计报表，落实项目成本的盈亏。项目不仅是基层财务核算单位，而且是项目成本核算的主要承担者。还有一种就是不进行完整的会计核算，通过内部列账单的形式，利用项目成本的台账，进行项目成本列账核算。

直接核算是将核算放在项目上，以便及时了解项目各项成本情况，也可以减少一些扯皮。不足的一面是每个项目都要配有专业水平和工作能力较高的会计核算人员。目前一些单位还不具备直接核算的条件。此种核算方式，通常适用于大型项目。

（2）项目成本的间接核算

项目经理部不设置专职的会计核算部门，由项目有关人员按期、按规定的程序和质量向财务部门提供成本核算资料，委托企业在本项目成本责任范围内进行项目成本核算，落实当期项目成本盈亏。企业在外地设立分公司的，通常由分公司组织会计核算。

间接核算是将核算放在企业的财务部门，项目经理部不配专职的会计核算部门，由项目有关人员按期与相应部门共同确定当期的项目成本收入。项目按照规定的时间、程序和质量向财务部门提供成本核算资料，委托企业的财务部门在项目成本收支范围内，进行项目成本支出的核算，落实当期项目成本的盈亏。这样做可以使会计专业人员相对集中，一个成本会计可以完成两个或两个以上的项目成本核算。但也有不足之处：①项目了解成本情况不方便，项目对核算结论的信任度不高；②由于核算不在项目上进行，项目开展管理岗位成本责任核算，就会失去人力支持和平台支持。

（3）项目成本列账核算

项目成本列账核算是介于直接核算与间接核算之间的一种方法。项目经理部组织相对直接的核算，正规的核算资料留在企业的财务部门。项目每发生一笔业务，其正规资料由财务部门进行审核存档后，与项目成本员办理确认手续。项目凭此列账通知作为核算凭证和项目成本收支的依据，对项目成本范围的各项收支，登记台账会计核算，编制项目成本及相关的报表。企业财务部门按期确认资料，对其进行审核。

列账核算法的正规资料在企业财务部门，方便档案保管。项目凭相关资料进行核算，同时也有利于开展项目成本核算和项目岗位成本责任考核。但是企业和项目要核算两次，相互之间往返较多，比较烦琐。因此，它适用于较大工程。

二、电力工程项目成本分析

电力工程项目成本分析，就是按照统计核算、业务核算和会计核算提供的资料，对项目成本的形成过程及影响成本升降的因素进行分析，以寻求进一步降低成本的途径（包括项目成本中的有利偏差的挖潜和不利偏差的纠正）；另一方面，通过成本分析，可从账簿、报表反映的成本现象看清成本的实质，从而增强电力工程项目成本的透明度和可控性，为加强成本控制，实现项目成本目标创造条件。由此可见，电力工程项目成本分析也是降低成本、提高项目经济效益的重要手段之一。

影响电力工程项目成本变动的因素包括两方面：一是外部的属于市场经济的因素；二是内部的属于经营管理的因素。这两方面因素在一定的条件下，又是相互制约和相互促进的。影响项目成本变动的市场经济因素主要包括施工企业的规模和技术装备水平、施工企业专业化和协作的水平以及企业员工的技术水平和操作的熟练程度等方面，这些因素不是在短期内所能改变的。因此，作为项目经理，应该了解这些因素，但应将电力工程项目成本分析的重点放在影响项目成本升降的内部因素上。影响电力工程项目成本升降的内部因素包括人工费用水平的标准，材料、能源利用的效果，机械设备的利用效果，施工质量水平的高低及组织管理施工的管理因素等。

（一）项目成本分析的原则

1. 实事求是的原则

在成本分析过程中，必然会涉及一些人和事，因此要注意人为因素的干扰。成本分析一定要有充分的事实依据，对事物进行实事求是的评价。

2. 用数据说话的原则

成本分析要充分利用统计核算和有关台账的数据进行定量分析，尽可能避免抽象的定性分析。

3. 注重时效的原则

项目成本分析贯穿于项目成本管理的整个过程。这就要求要及时进行成本分析，及时发现问题，及时予以纠正，否则，就有可能贻误解决问题的最好时机，造成成本失控、效益流失。

4. 为生产经营服务的原则

成本分析不仅要揭露其矛盾，而且要分析产生矛盾的原因，提出积极有效的解决矛盾的合理化建议。这样的成本分析，必然会深得人心，从而受到项目经理部有关部门和人员的积极支持与配合，使项目的成本分析更健康地开展下去。

（二）项目成本分析的依据

1. 业务核算

业务核算是各业务部门根据业务工作的需要而建立的核算制度，它包括原始记录与计算登记表，如单位工程及分部分项工程进度登记，质量登记，工效、定额计算登记，物资消耗定额记录，测试记录等。业务核算的目的，在于迅速取得资料，在经济活动中及时采取措施进行调整。

2. 会计核算

会计核算主要是价值核算。会计是对一定单位的经济业务进行计量、记录、分析和检查，做出预测，参与决策，实行监督，旨在实现最优经济效益的一种管理活动。由于会计记录具有连续性、系统性与综合性等特点，所以它是施工成本分析的重要依据。

3. 统计核算

统计核算是利用会计核算资料和业务核算资料，把企业生产经营活动客观现状的大量数据，按统计方法加以系统整理，表明其规律性。它的计量尺度比会计宽，可以用货币计算，也可以用实物或劳动量计量。它通过全面调查和抽样调查等特有的方法，不仅能提供绝对数指标，还能提供相对数和平均数指标，可以计算当前的实际水平，确定变动速度，可以预测发展的趋势。

（三）项目成本分析的方法

1. 成本分析的基本方法

（1）因素分析法

因素分析法又称为连环置换法，这种方法可用来分析各种因素对成本的影响程度。在进行分析时，首先要假定众多因素中的一个因素发生了变化，而其他因素则不变，然后逐个替换，分别比较其计算结果，以确定各个因素的变化对成本的影响程度。

（2）比较法

比较法又称为“指标对比分析法”，就是通过技术经济指标的对比，检查目标的完成情况，分析产生差异的原因，进而挖掘内部潜力的方法。这种方法，具有通俗易懂、简单易行、便于掌握的特点，因而得到了广泛的应用，但在应用时必须注意各技术经济指标的可比性。

（3）比率法

比率法是指用两个以上的指标的比例进行分析的方法。它的基本特点是：先把对比分析的数值变成相对数，再观察其相互之间的关系。

（4）差额计算法

差额计算法是因素分析法的一种简化形式，它利用各个因素的目标值与实际值的差额来计算其对成本的影响程度。

2. 综合成本的分析方法

所谓综合成本，是指涉及多种生产要素，并受多种因素影响的成本费用，如分部分项工程成本、月（季）度成本、年度成本等。

(1) 分部分项工程成本分析

分部分项工程成本分析的对象为已完成的分部分项工程，分析的方法是：①进行预算成本、目标成本和实际成本的“三算”对比；②分别计算实际偏差和目标偏差，分析偏差产生的原因，为今后的分部分项工程成本寻求节约途径。

(2) 月（季）度成本分析

月（季）度成本分析的依据是当月（季）的成本报表。分析的方法，通常有以下六方面：①通过实际成本与预算成本的对比，分析当月（季）的成本降低水平；通过累计实际成本与累计预算成本的对比，分析累计的成本降低水平，预测实现项目成本目标的前景。②通过实际成本与目标成本的对比，分析目标成本的落实情况，以及目标管理中的问题和不足，进而采取措施，加强成本管理，保证成本目标的落实。③通过对各成本项目的成本分析，可以了解成本总量的构成比例和成本管理的薄弱环节。④通过主要技术经济指标的实际与目标对比，分析产量、工期、质量、“三材”节约率、机械利用率等对成本的影响。⑤通过对技术组织措施执行效果的分析，寻求更加有效的节约途径。⑥分析其他有利条件和不利条件对成本的影响。

(3) 年度成本分析

年度成本分析的依据是年度成本报表。年度成本分析的内容，除了月（季）度成本分析的六方面以外，重点是针对下一年度的施工进展情况规划提出切实可行的成本管理措施，以保证施工项目成本目标的实现。

(4) 竣工成本的综合分析

单位工程竣工成本分析，应包括以下三方面内容：①竣工成本分析；②主要资源节超对比分析；③主要技术节约措施及经济效果分析。

第六节　电力工程项目成本考核

一、电力工程项目成本考核的种类

(一) 月度成本考核

根据月度成本报表的内容进行考核。在考核时，不能单凭报表数据，还要结合成本分析资料、施工生产和成本管理的实际情况来进行考核。

(二) 阶段成本考核

项目的施工阶段，按基础、结构及主体、装饰、总体等阶段进行考核。其优点是能对施工至一阶段后的成本进行考核，并能结合工程进度、质量等指标，更能反映施工项目的管理水平。

（三）竣工成本考核

这是在工程竣工和工程结算的基础上编制的，是工程竣工成本考核的依据。而竣工成本是施工项目经济效益的最终反映。竣工成本考核既是上缴利税的依据，也是进行职工分配的依据，必须计算正确，考核无误。

二、电力工程项目成本考核的内容

（一）企业对项目经理成本考核控制的内容

1. 检查项目经理部的项目成本计划编制和落实情况

建筑企业在年度之前，通过制订成本计划，规定各项目经理部的降低成本额和降低率。为了确保成本计划既积极先进又合理可行，企业应协助项目经理挖掘降低成本内部潜力，尽可能采取先进的施工技术方法和技术组织措施，编好成本计划，并协助层层分解，落实成本指标。

2. 检查、考核项目成本计划的完成情况

为了完成和超额完成项目成本计划，企业应经常地和定期地检查和考核，特别是一个施工项目竣工时，应组织力量全面检查分析，考核各项成本指标的完成情况，也就是将施工项目的实际成本与预算成本、实际成本与计划成本进行对比分析，并且根据成本项目逐项检查分析，查明成本节超的原因。

3. 检查、考核成本管理责任制的执行情况

企业应按照成本管理责任制规定的精神，对项目经理部的工作进行检查，看看是否认真贯彻执行了成本管理责任制。若发现成本管理责任制未落实，对违反国家规定的，应严肃处理。

（二）项目经理对施工项目所属部门、各施工队和班组成本考核控制的内容

1. 项目经理部对项目成本的考核控制

项目经理一般只对一个施工项目进行施工，因此只对该项工程的各个成本项目进行检查、考核，看其降低额和降低率是否完成计划，并对整个项目考核其降低额和降低率是否完成计划。

2. 对施工队（组）成本的考核控制

施工队（组）是直接完成项目施工任务的基层核算单位。项目经理部对各施工队（组）所负责的分部分项工程的直接费成本进行考核，将直接费成本与施工预算成本进行比较分析，分别考核其成本降低额和降低率是否完成，并应当仔细分析成本节超的原因。

应当指出，无论是对哪一环节成本进行考核，都是检验其是否已完成降低成本的目标，从而加强成本控制工作。若成本控制不抓分析与考核，不与职工物质利益直接挂钩，所谓成本控制就难以坚持或控制不力，甚至流于形式而易发生亏损，导致项目经理部的失职。

三、电力工程施工项目成本的奖罚

电力工程项目成本的奖罚要注意以下问题：①电力工程项目成本的奖罚必须与施工企业的奖罚办法挂钩，与施工项目的经济效益挂钩，与工程质量、安全施工及文明施工挂钩；②电力工程项目成本奖罚的标准，应通过经济合同的形式明确规定，一旦签订了合同，任何人都无权更改，奖罚要兑现、及时，数据和资料要真实、准确；③对降低电力工程项目成本有突出贡献的部门、班组、个人要进行随机奖励。

第七章 电力工程项目质量控制与管理

第一节 项目质量控制与管理理论

一、项目质量

质量是反映实体满足明确和隐含需要的能力的特性总和。

这里的实体可以是活动或过程，也可以是产品和服务，还可以是一个企业、一个组织、一个体系，当然也可以是上述内容的任何组合。

这里所指的明确需要是指在标准、图纸、技术文件中已做出规定要求的需要；隐含需要是指社会和用户公认的、不言自明的需要，或者是社会和用户对实体的期望。

这里所指的满足需要，不仅仅是满足用户的需要，更要扩大到满足全体受益者的需要，包括用户、员工、所有者、社会。当然，最主要是满足用户、消费者的需要。

这里的特性是指实体所特有的性质，它反映了实体满足需要的能力。

项目质量是反映项目满足用户需要能力的特性总和。这里的项目，是指一个组织为实现特定的目标任务，在一定资源的约束下，所开展的具有相对独立性、独特性、风险性、一次性活动的所有工作的总和。

项目作为一项综合工作体，涉及设计工作、施工工作、采购工作、建筑安装工作、检验工作、试运行工作等。项目质量是众多工作质量的总和。项目是须要投入人力资源、物力资源、财力资源、信息资源，并经过转换，才能形成输出结果的。项目质量是在转换过程中形成的，可以说，项目质量也是一种过程质量。

项目的最终结果是一项工程设施，是一个新生产经营基地，是一个软件开发中心，是一个大型展馆，是一幢新大楼，是一套新设备，总之是一项新产品，项目质量也是产品质量。

综上所述，项目质量同时包含和涉及了产品质量、工序质量和工作质量三种概念。项目质量既是产品质量，又是工序质量，更是系统工作的质量。

二、产品质量、工序质量与工作质量

质量有广义和狭义之分。狭义的质量是指产品质量，广义的质量包括产品质量、工序质量与工作质量。所谓产品质量，是指产品的适应性，即适合社会和人们需要所具备的特性。它包括尺寸、结构、重量、性能、精度、材质、强度等内在质量特性和外观、形状、色泽等外部质量特性。

不同产品有不同特性。但概括起来，主要有五方面的特性：①性能。是指产品所具有的物理性能、化学性能。②可靠性。是指产品在规定时间内，完成规定工作任务而不发生故障的概率。③寿命。是指产品精度保持和耐用时间。④安全性。是指产品操作使用方便和对人及环境造成伤害的程度。⑤经济性。是指产品制造成本低，使用和维护费用少，经济效益高。

产品的质量特性，有些是可以定量的，如可靠性、寿命等；有些是不能定量的，如外观、造型、美感、灵巧等。但不管能否定量，都必须准确地反映社会和用户对产品质量特性的客观要求。这些客观要求是以技术经济参数明确规定的，并形成技术文件，这就是产品质量标准。产品质量标准，是对产品的质量要求和检查方法、手段等所做的技术规定，是产品生产和质量检验的技术依据。产品质量标准的主要内容包括产品名称、规格、技术性能和要求、用途、使用范围和条件、检验工具和检验方法、包装和储运的要求等。通过产品质量标准，可衡量产品质量是否合格，从而判断出产品是否适用，是否有使用价值。随着技术经济的发展以及人们需求的提高，对产品质量的要求也会越来越高。因此，须不断修定和提高产品质量标准，以更好地满足国民经济发展和人民生活水平提高的需求。产品质量标准一般分为四个等级，即企业标准、部颁标准、国家标准和国际标准。上述四种标准分别适用于企业内部、行业内部、全国范围、世界各国。一般来说，国际标准是世界范围通用的先进标准，我国企业应积极采用国际标准，以使我国产品质量普遍提高到一个新的水平。

工序质量又称过程质量，是项目及产品形成过程中诸因素满足技术要求所具备的特性。项目及产品形成过程涉及人、原材料、设备、工艺方法和环境五大因素，每个大因素中又包含许多小因素，这些因素共同对项目及产品质量起作用。只有这五大方面的因素稳定、正常、良好，工序质量才高，对项目质量、产品质量要求的满足程度才高。

工作质量是指为保证产品质量和使工序质量处于良好稳定状态，在生产技术和组织管理工作方面所达到的水平。工作质量可以通过产品质量、项目成果和效益反映出来，也可以用一系列工作质量指标来衡量和考核。

产品质量、工序质量和工作质量虽是三个不同的质量概念，但它们之间有着密切的联系。项目及产品质量依赖于工序质量和工作质量，是它们的综合反映；工作质量是工序质量的保证，工序质量又是项目质量和产品质量的保证。因此，质量的管理必须从提高工作质量入手，通过提高工作质量来改善工序质量，从而达到保证和提高项目及产品质量的目的。

三、工程项目质量的特点

工程项目质量是国家现行的有关法律、法规、技术标准和设计文件及建设项目合同中对建设项目的安全、使用、经济、美观等特性的综合要求，它通常体现在适用性、可靠性、经济性、外观质量与环境协调性等方面。它是按照一定的建设程序逐步形成的，而不仅仅决定于施工阶段。

工程项目从本质上说是一种拟建或在建的产品，它和一般产品具有同样的质量内涵，即一组固有特性满足需要的程度。这些特性是指产品的适用性、可靠性、安全性、经济性和环境的适宜性等。同时，由于工程项目本身的一次性、单件性等特点，其基本的质量特性表现为：①能够反映建筑环境；②能够反映使用功能；③能够反映艺术文化；④能够反映安全可靠性。

工程项目质量包含工序质量、分项工程质量、分部工程质量和单位工程质量。它不仅包括工程实物量，而且也包含工作质量。其工作质量是指项目参与各方为了保证项目质量所从事技术、组织工作的水平和完善程度。

工程项目的质量特点包括：

（一）影响因素多

建设项目的决策、设计、材料、机械、环境、施工工艺、施工方案、操作方法、技术措施、管理制度、施工人员素质等都会直接或间接地影响建设项目的质量。

（二）质量波动大

项目建设因具有复杂性、单一性等特点，不像一般工业产品的生产那样，有固定的生产流水线，有规范化的生产工艺和完善的检测技术，有成套的生产设备和稳定的生产环境，有相同系列规格和相同功能的产品，所以其质量波动性大。

（三）质量变异大

由于影响工程项目质量的因素较多，任一因素出现质量问题，均会引起项目建设中的系统性质量变异，造成工程质量事故。

（四）质量隐蔽性

工程项目在施工过程中，由于工序交接多，中间产品多，隐蔽工程多，若不及时检查并发现其存在的质量问题，事后只能看表面质量，容易将不合格的产品认为是合格的产品。

（五）最终检验局限大

工程项目建成后，不可能像某些工业产品那样，可以拆卸或解体来检查内在的质量。工程项目最终验收时难以发现工程内在的、隐蔽的质量缺陷。

四、影响项目质量的因素

（一）人的因素

人是指直接参与项目建设的决策者、组织者、指挥者和操作者，人的政治素质、业务素质和身体素质是影响质量的首要因素。

（二）材料的因素

材料（包括原材料、半成品、成品、构配件等）是建设项目施工的物质条件，没有材料就无法施工；材料质量是建设项目质量的基础，材料质量不符合要求，建设项目质量也就不可能符合标准。

（三）方法的因素

这里所指的方法，包含项目整个建设周期内所采取的技术方案、工艺流程、组织措施、检测手段、施工组织设计等。方法是否正确得当，是直接影响建设项目进度、质量、投资控制三大目标能否顺利实现的关键。

（四）施工机械设备的因素

施工机械设备是实现项目实施的重要物质基础，是现代化工程建设中必不可少的设施。机械设备的选型、主要性能参数和使用操作要求对建设项目的施工进度和质量均有直接影响。

（五）环境的因素

影响项目质量的环境因素较多，有工程技术环境，如工程地质、水文、气象等；建设项目管理环境，如质量保证体系、质量管理制度等；劳动环境，如劳动组合、劳动工具、工作面等。环境因素对项目质量的影响，具有复杂而多变的特点。

第二节　项目质量管理的原则和基础工作

一、全面质量管理的含义

项目质量管理是指为保证提高项目质量而进行的一系列管理工作的总称。它的目的是以尽可能低的成本，按既定的工期完成一定数量的达到质量标准的项目。它的任务就在于建立和健全质量管理体系，实施全面质量管理，用企业的工作质量来保证项目的实物质量。

全面质量管理是指一个组织以质量为中心，以全员参与为基础，目的在于通过让顾客满意和本组织所有成员及社会受益而达到长期成功的管理途径。根据全面质量管理的概念和要求，项目质量管理是对项目质量形成进行全面、全员、全过程的管理。

二、项目质量管理的原则

项目质量管理的原则如下：

（一）“质量第一”是根本出发点

在质量与进度、质量与成本的关系中，要认真贯彻保证质量的方针，做到好中求快、好中求省，而不能以牺牲项目质量为代价，盲目追求速度与效益。

（二）以预防为主的思想

好的项目产品是由好的决策、好的规划、好的设计、好的施工所产生的，而不是检查出来的。必须在项目质量形成的过程中，事先采取各种措施，消灭种种不符合质量要求的影响因素，使之处于相对稳定的状态之中。

（三）一切为用户服务的指导思想

就是要按用户的需求去设计产品、制造产品和销售产品并提供一切需要的服务，一切质量管理工作都是要保证向用户提供满意的产品。这里的用户不仅指企业外部的消费单位和个人，而且也包括企业内部相邻的生产环节，如后车间是前车间的用户、下道工序是上道工序的用户、基本生产是生产准备的用户、项目施工方是设计方的用户、设备安装方是土建方的用户等。可见“一切为用户服务”的思想观念比过去更全面、更深刻。

（四）一切用数据说话

依靠确切的数据和资料，应用数理统计方法，对工作对象和项目实体进行科学的分析和整理，研究项目质量的波动情况，寻求影响项目质量的主次原因，采取有效的改进措施，掌握保证和提高项目质量的客观规律。

（五）坚持全面质量管理

坚持全面质量管理就是以保证和提高产品质量为出发点，坚持为用户提供满意的产品为宗旨，组织全体职工参加，综合运用各种科学技术方法和组织管理方法，对从产品设计开始直至销售使用为止的全过程进行综合的、系统的管理活动。

三、项目质量管理的基础性工作

（一）质量教育

为了保证和提高建设项目质量，必须加强全体职工的质量教育，其主要内容如下：

1. 质量意识教育

要使全体职工认识到保证和提高质量对国家、企业和个人的重要意义，树立“质量第一”和“为用户服务”的思想。

2. 质量管理知识的普及宣传教育

要使企业全体职工了解质量管理知识的基本思想、基本内容，掌握常用的数理统计方法和质量标准，懂得质量管理小组的性质、任务和工作方法等。

3. 技术培训

让工人熟练掌握本人的“应知应会”技术和操作规程等。技术和管理人员要熟悉施工验收规范，质量评定标准，原材料、构配件和设备的技术要求及质量标准，以及质量管理的方法等。专职质量检验人员能正确掌握检验、测量和试验方法，熟练使用其仪器、仪表和设备。

（二）质量管理的标准化

包括技术工作和管理工作的标准化。技术工作标准有产品质量标准、操作标准、各种技术定额等，管理工作标准包括各种管理业务标准、工作标准等，即管理工作的内容、方法、程序和职责权限。质量管理标准化工作的要求是：

1. 不断提高标准化程度

各种标准要齐全、配套和完整，并在贯彻执行中及时总结、修定和改进。

2. 加强标准化的严肃性

要认真严格执行，使各种标准真正起到法规作用。

（三）质量管理的计量工作

计量工作包括生产时的投料计量，生产过程中的监测计量，和对原材料、半成品、成品的试验、检测、分析计量等工作，是全面质量管理的一项基础工作，它对于确保和提高产品质量具有重要作用。必须抓好以下具体工作：①计量器具及仪器要正确合理使用；②制定有关测试规程和制度，计量器具要定期检定；③计量器具和仪器要妥善保管，始终保持良好工作状态和准确计量值；④及时维修和报废更新计量器具和仪器；⑤改革计量器具和测试方法，实现检测手段现代化。

（四）质量信息工作

质量信息是反映产品质量、工作质量的有关信息。其来源一是对项目使用情况的回访调查或收集用户的意见；二是从企业内部收集到的基本数据原始记录等信息；三是从国内外同行业收集的反映质量发展的新水平、新技术的有关信息等。做好质量信息工作是有效实现“预防为主”方针的重要手段。其基本要求是准确、及时、全面、系统。

（五）建立健全质量责任制

使企业每一个部门、每一个岗位都有明确的责任，形成一个严密的质量管理工作体系。它包括各级行政领导和技术负责人的责任制、管理部门和管理人员的责任制和工人岗位责任制。其主要内容有：①建立质量管理体系，开展全面质量管理工作；②建立健全保证质量的管理制度，做好各项基础工作；③组织各种形式的质量检查，经常开展质量动态分析，针对质量通病和薄弱环节，制定措施加以防治；④认真执行奖惩制度，奖励表彰先进，积极发动和组织各种质量竞赛活动；⑤组织对重大质量事故的调查、分析和处理。

（六）开展质量管理小组活动

质量管理小组简称 QC 小组，是质量管理的群众基础，也是职工参加管理和“三结合”攻关解决质量问题，提高企业素质的一种形式。QC 小组的组织形式主要有两种：一是由施工班组的工人或职能科室的管理人员组成；二是由工人、技术（管理）人员、领导干部组成“三结合”小组。

第三节　项目质量管理体系

一、质量管理原则

（一）以顾客为关注焦点

组织依存于其顾客，因此，组织应理解顾客当前的和未来的需求，满足顾客要求并争取超越顾客期望。

顾客是接收设备的组织或个人，既指组织外部的消费者、购物者、最终使用者、零售商、受益者和采购方，也指组织内部的生产、服务和活动中接受前一个过程输出的部门、岗位或个人。顾客是组织存在的基础，顾客的要求应放在组织的第一位。最终的顾客是使用设备的群体，对设备质量感受最深，其期望和需求对于组织意义重大。对潜在的顾客也不容忽视，如果条件成熟，他们会成为组织的一大批顾客。市场是变化的，顾客是动态的，顾客的需求和期望也是不断发展的。因此，组织要及时调整自己的经营策略，采取必要的措施，以适应市场的变化，满足顾客不断发展的需求和期望，争取超越顾客的需求和期望，使自己的设备或服务处于领先的地位。

实施本原则时，可使组织了解顾客及其他相关方的需求；可直接与顾客的需求和期望相联系，确保有关的目标和指标；可以提高顾客对组织的忠诚度；能使组织及时抓住市场机遇，做出快速而灵活的反应，从而提高市场占有率，增加收入，提高经济效益。

实施本原则时一般要采取的主要措施包括：全面了解顾客的需求和期望，确保顾客的需求和期望在整个组织中得到沟通，确保实现组织的各项目标；有计划地、系统地测量顾客满意程度并针对测量结果采取改进措施；在重点关注顾客的前提下，确保兼顾其他相关方的利益，使组织得到全面、持续的发展。

（二）领导作用

领导者建立组织统一的宗旨及方向。他们应当创造并保持使员工能充分参与实现组织目标的内部环境。

一个组织的领导者，即最高管理者，是“在最高层指挥和控制组织的一个人或一组人”。领导者要想指挥和控制好一个组织，必须做好确定方向、策划未来、激励员工、协调活动和营造一个良好的内部环境等工作。领导者的领导作用、承诺和积极参与，对建立并保持一个高效的质量管理体系，并使所有相关方获益是必不可少的。此外，在领导方式上，领导者要做到透明、务实和以身作则。

在领导者创造的比较宽松、和谐及有序的环境下，全体员工能够理解组织的目标并动员起来去实现这些目标。所有的活动能依据领导者规定的各级、各部门的工作准则，以一种统一的方式加以评价、协调和实施。领导者可以对组织的未来勾画出一个清晰的远景，并细化为各项可测量的目标和指标，在组织内进行沟通，让全体员工都能了解组织的奋斗方向，从而建立起一支职责明确、积极性高、组织严密、稳定的员工队伍。

实施本原则时，一般要采取的措施包括：全面考虑所有相关方的需求，做好发展规划，为组织勾画一个清晰的远景，设定富有挑战性的目标，并实施为达到目标所需的发展战略；在一定范围内给予员工自主权，激发、鼓励并承认员工的贡献，提倡公开和诚恳的交流和沟通，建立宽松、和谐的工作环境，创造并坚持一种共同的价值观，形成企业的精神和企业文化。

（三）全员参与

各级人员是组织之本，只有通过他们的充分参与，才能使他们的才干为组织带来收益。

组织的质量管理有赖于各级人员的参与，组织应对员工进行以顾客为关注焦点的质量意识和敬业爱岗的职业道德教育，激励他们的工作积极性和责任感。此外，员工还应具备足够的知识、技能和经验，以胜任工作，实现对质量管理的充分参与。

实施本原则可使全体员工动员起来，积极参与，努力工作，实现承诺，树立起工作责任心和事业心，为实现组织的方针和战略做出贡献。

实施本原则，一般要采取的主要措施包括：对员工进行职业道德的教育，教育员工要识别影响他们工作的制约条件；在本职工作中，让员工有一定的自主权，并承担解决问题的责任；把组织的总目标分解到职能部门和层次，激励员工为实现目标而努力，并评价员工的业绩；启发员工积极提高自身素质；在组织内部提倡自由地分享知识和经验，使先进的知识和经验成为共同的财富。

（四）过程方法

将活动和相关的资源作为过程进行管理，可以更高效地得到期望的结果。

过程方法的目的是获得持续改进的动态循环，并使组织的总体业绩得到显著的提高。其通过识别组织内的关键过程，随后加以实施和管理并不断进行持续改进来达到顾客满意，将活动和相关的资源作为过程进行管理，可以更高效地得到期望的结果。

实施本原则可对过程的各个要素进行管理和控制，可以通过有效地使用资源，使组织具有降低成本并缩短周期的能力，可制定更富有挑战性的目标和指标，可建立更经济的人力资源管理过程。

实施本原则时，一般要采取的措施包括：识别质量管理体系所需要的过程；确定每个过程的关键活动，并明确其职责和义务；确定对过程的运行实施有效控制的准则和方法，实施对过程的监视和测量，并对其结果进行数据分析，发现改进的机会并采取措施。

（五）管理系统方法

将相互关联的过程作为系统加以识别、理解和管理，有助于组织提高实现目标的有效性和效率。

质量管理的系统方法，就是要把质量管理体系作为一个大系统，对组成质量管理体系的各个过程加以识别、理解和管理，以达到实现质量方针和质量目标。

系统方法可包括系统分析、系统工程和系统管理三大环节。它通过系统分析有关的数据、资料或客观事实来确定要达到的优化目标；然后通过系统工程，设计或策划为达到目标而应采取的各项步骤，以及应配置的资源，形成一个完整的方案；最后在实施中通过系统管理而取得高有效性和高效率。

实施本原则可使各过程彼此协调一致，能最好地取得所期望的结果；可增强把注意力集中于关键过程的能力。由于体系、设备和过程处于受控状态，组织能向重要的相关方提供对组织的有效性和效率的信任。

实施本原则时，一般要采取的措施包括：建立一个以过程方法为主体的质量管理体系；明确质量管理过程的顺序和相互作用，使这些过程相互协调；监视并协调质量管理体系各过程的运行，并规定其运行的方法和程序；通过对质量管理体系的测量和评审，采取措施以持续改进体系，提高组织的业绩。

（六）持续改进

持续改进整体业绩应当是组织的一个永恒的目标。

进行质量管理的目的就是保持和提高设备质量，没有改进就不可能提高。持续改进是增强满足要求能力的循环活动，通过不断寻求改进机会，采取适当的改进方式，重点改进设备的特性和管理体系的有效性。改进的途径可以是日常渐进的改进活动，也可以是突破性的改进项目。

坚持持续改进，可提高组织对改进机会快速而灵活的反应能力，增强组织的竞争优势；可通过战略和业务规划，把各项改进集中起来，形成更有竞争力的业务计划。

实施本原则时，一般要采取的措施包括：使持续改进成为一种制度；对员工提供关于持续改进的方法和工具的培训，使设备、过程和体系的持续改进成为组织内每个员工的目标；为跟踪持续改进规定指导和测量的目标，承认改进的结果。

（七）基于事实的决策方法

有效决策是建立在数据和信息分析的基础上。

对数据和信息的逻辑分析或直觉判断是有效决策的基础。以事实为依据做决策可以防止决策失误。通过合理运用统计技术来测量、分析和说明设备和过程的变异性；通过对质量信息和资料的科学分析，确保信息和资料的准确和可靠，并基于对事实的分析、过去经验和直观判断，做出决策并采取行动。

实施本原则可增强通过实际来验证过去决策的正确性的能力，可增强对各种意见和决策进行评审、质疑和更改的能力，发扬民主决策的作风，使决策更切合实际。实施本原则时，一般要采取的措施包括：收集与目标有关的数据和信息，并规定收集信息的种类、渠道和职责；通过鉴别，确保数据和信息的准确性和可靠性；采取各种有效方法，对数据和信息进行分析，确保数据和信息能为使用者得到和利用；根据对事实的分析、过去的经验和直觉判断做出决策并采取行动。

（八）与供方互利的关系

组织与供方是相互依存的，互利的关系可增强双方创造价值的能力。

随着生产社会化的不断发展，组织的生产活动分工越来越细，专业化程度越来越强，通常，某一个产品不可能由一个组织从最初的原材料开始加工直至形成最终顾客使用的产品，而往往是通过多个组织分工协作来完成的。因此，绝大多数组织都有其供方。供方所提供的高质量产品是组织为顾客提供高质量产品的保证之一。组织市场的扩大，则为供方增加了更多的合作机会。所以，组织与供方的合作与交流是非常重要的。

实施本原则可增强供需双方创造价值的能力。通过与供方建立合作关系可以降低成本，使资源的配置达到最优化，并通过与供方的合作增强对市场变化联合做出灵活和快速反应的能力，创造竞争优势。

实施本原则时，一般要采取的措施包括：识别并选择重要供方，考虑眼前和长远的利益；创造一个通畅和公开的沟通渠道，及时解决问题，联合改进活动；与重要供方共享专门技术、信息和资源，激发、鼓励和承认供方的改进及其成果。

二、质量管理体系基础

（一）质量管理体系的理论说明

质量管理体系的基本功能就是帮助组织增进顾客满意度。

顾客要求产品具有满足其需求和期望的特性，这些需求和期望在产品规范中表述，并集中归结为顾客要求。由于顾客的需求和期望是不断变化的，以及竞争的压力和技术的发展，这些都促使组织持续地改进产品和过程。

质量管理体系方法鼓励组织分析顾客要求，规定相关的过程，并使其持续受控，以实现顾客能接受的产品。质量管理体系能提供持续改进的框架，以增强组织提升顾客和其他相关方满意的概率。质量管理体系还能够针对提供持续满足要求的产品向组织及其顾客提供信任。

（二）质量管理体系方法

建立和实施质量管理体系的方法包括以下步骤：①确立顾客和其他相关的需求和期望；②建立组织的质量方针和质量目标；③确定实现质量目标必需的过程和职责；④确定和提供实现质量目标必需的资源；⑤规定测量每个过程的有效性和效率的方法；⑥应用这些测量方法确定每个过程的有效性和效率；⑦确定防止不合格品并消除其产生原因的措施；⑧建立和应用持续改进质量管理体系的过程。

上述方法也适用于保持和改进现有的质量管理体系。

采用上述方法的组织能对其过程能力和产品质量建立信任，为持续改进提供基础。这可增加顾客和其他相关方满意度并使组织成功。

（三）过程方法

为了使组织有效运行，必须识别和管理许多互相关联和相互作用的过程。通常，一个过程的输出将直接成为下一个过程的输入。系统地识别和管理组织所应用的过程，特别是这些过程之间的相互作用，称为“过程方法”。监视相关方满意程度须要评价有关相关方感受的信息，这种信息可以表明其需求和期望已得到满足的程度。

（四）质量方针和质量目标

建立质量方针和质量目标为组织提供了关注的焦点。两者确定了预期的结果，并帮助组织利用其资源达到这些结果。质量方针为建立和评审质量目标提供了框架。质量目标需要与质量方针和持续改进的承诺相一致，并是可测量的。质量目标的实现对产品质量、作业有效性和财务业绩都有积极的影响，因此对相关方的满意和信任也产生积极影响。

（五）最高管理者在质量管理体系中的作用

最高管理者的作用主要包括以下八点：①建立组织的质量方针和质量目标；②确保整个组织关注顾客要求；③确保过程适宜，满足顾客要求，实现质量目标；④确保建立、实施和保持一个有效的质量管理体系；⑤确保获得必要的资源；⑥定期评审质量管理体系；⑦决定改进质量管理体系的措施；⑧创造一个全员参与实现组织目标的环境。

（六）文件

文件形成本身并不是目的，文件是一项增值活动，它有助于满足顾客要求和质量改进、提供适宜的培训。另外，文件具有重复性和可追溯性，文件能够提供客观证据和评价质量管理体系的有效性和持续适宜性。

质量管理体系中的文件主要包括质量手册、质量计划、规范、指南、程序、作业指导书和图样以及记录。

（七）质量管理体系评价

质量管理体系评价包括质量管理体系过程的评价、质量管理体系审核、质量管理体系评审和自我评定。其中，审核用于确定符合质量管理体系要求的程度。质量管理体系评审包括考虑是否需要业绩和质量管理体系成熟程度提供全面的情况，它还有助于识别组织中须改进的领域并确定优先开展的事项。

（八）持续改进

持续改进质量体系的目的在于增加组织提升顾客和其他相关方面满意的概率，包括如下活动：①分析和评价现状，识别改进区域；②确定改进目标；③寻找可能的解决方法以实现这些目标；④评价解决办法并做出选择；⑤实施选定的解决办法；⑥测量、验证、分析和评价实施的结果；⑦正式采纳更改；⑧对结果进行评审，确定进一步改进的机会。

（九）统计技术的作用

应用统计技术有助于了解变异，并对这种变异进行测量、描述、分析、解释和建立模型，甚至在数据相对有限的情况下也可以实现。使用统计技术的方法首先是测量、描述、分析和解释，然后依此建立模型，针对模型使用具体的统计方法予以分析，得出结果。

（十）质量管理体系与其他管理体系的关注点

质量管理体系与其他管理体系的关注点包括：与质量目标有关的结果应适当地满足相关的需求和期望，与其他管理体系整合的方法和质量管理体系的评定。

（十一）质量管理体系与卓越模式之间的关系

“卓越绩效模式”是 20 世纪 80 年代后期美国创建的一种世界级企业成功的管理模式，其核心是强化组织的顾客满意意识和创新活动，追求卓越的经营绩效。

质量管理体系与卓越绩效模式之间既有共同点也有差异。质量管理体系与卓越绩效模式都能够使组织识别它的强项和弱项，它们都包含对照通用模式进行评价的规定和外部承认的规定。另外，它们都为持续改进提供基础。质量管理体系和卓越绩效模式之间的差别在于它们的应用范围不同。

第四节　项目质量控制基本原理

一、项目质量控制目标

质量控制是指在明确的质量目标条件下通过行动方案和资源配置的计划、实施、检查和监督来实现预期目标的过程。

项目质量控制则是指在项目质量目标的指导下，通过对项目各阶段的资源、过程和成果所进行的计划、实施、监督检查和处理，以判定其是否符合有关的质量标准，并消除造成项目成果令人不满意的因素。该过程贯穿于项目执行的全过程。

质量控制与质量管理的关系和区别在于：质量控制是质量管理的一部分，致力于满足质量要求，如适用性、可靠性、安全性等。质量控制属于为了达到质量要求所采取的作业技术和管理活动，是在有明确的质量目标条件下进行的控制过程。项目质量管理是项目各项管理工作的重要组成部分，它是项目全过程为保证和提高质量所进行的各项组织管理工作。

项目的质量总目标由业主提出，是对项目质量提出的总要求，包括项目范围的定义、系统构成、使用功能与价值、规格以及应达到的质量等级等。这一总目标是在项目策划阶段进行目标决策时确定的。从微观上讲，项目的质量总目标还要满足国家对建设项目规定的各项工程质量验收标准以及使用方（客户）提出的其他质量方面的要求。

二、项目质量控制的基本原理

（一）PDCA 循环原理

项目的质量控制是一个持续过程，首先，在提出项目质量目标的基础上，制订质量控制计划，包括实现该计划须采取的措施。其次，将计划加以实施，特别要在组织上加以落实，真正将项目质量控制的计划措施落实到实处；在实施过程中，还要经常检查、监测，以评价检查结果与计划是否一致。最后，对出现的质量问题进行处理，对暂时无法处理的质量问题重新进行分析，进一步采取措施加以解决。这一过程的原理是 PDCA 循环。PDCA 循环是项目质量管理应遵循的科学程序，其质量管理活动的全部过程，就是质量计划的制订和组织实现的过程，这个过程按照 PDCA 循环，不停顿地、周而复始地运转。

PDCA 由英语单词 Plan（计划）、Do（执行）、Check（检查）和 Action（处理）的首字母组成，PDCA 循环就是按照这样的顺序进行质量管理，并且循环不止地进行下去的科学程序。

项目质量管理活动的运转，离不开管理循环的转动，这就是说，改进与解决质量问题，赶超先进水平的各项工作，都要运用 PDCA 循环的科学程序。不论是提高工程施工质量，还是减少不合格率，都要先提出目标，即质量提高到什么程度，不合格率降低多少，都要有个计划，这个计划不仅包括目标，而且也包括实现这个目标须采取的措施。计划制订之后，就要按照计划进行检查，看是否实现了预期效果，有没有达到预期的目标。通过检查找出问题和原因，最后就要进行处理，将经验和教训制定成标准、形成制度。

PDCA 循环作为项目质量管理体系运转的基本方法，其实施须要监测、记录大量现场数据资料，并综合运用各种管理技术和方法。一个 PDCA 循环一般都要经历四个阶段。

在实施以上所述的 PDCA 循环时，项目质量控制的重点是做好施工准备、施工验收、服务全过程的质量监督，抓好全过程的质量控制，确保工程质量目标达到预定的要求。具体措施如下：①将质量目标逐层分解到分部工程、分项工程，并落实到部门、班组和个人。以指标控制为目的，以要素控制为手段，以体系活动为基础，以保证在组织上加以全面落实。②实行质量责任制。项目经理是施工质量的第一责任人，各工程队长是本队施工质量的第一责任人，质量保证工程师和责任工程师是各专业质量责任人，各部门负责人要按分工认真履行质量职责。③每周组织一次质量大检查，一切用数据说话，实施质量奖惩，激励施工人员，保证施工质量的自觉性和责任心。④每周召开一次质量分析会，通过各部门、各单位反馈输入各种不合格信息，采取纠正和预防措施，排除质量隐患。⑤加大质量权威，质检部门及质检人员根据公司质量管理制度可以行使质量否决权。⑥施工全过程执行业主和有关工程质量管理及质量监督的各种制度和规定，对各部门检查发现的任何质量问题应及时制定整改措施，进行整改，达到合格为止。

（二）项目质量控制三阶段原理

项目的质量控制，是一个持续管理的过程。从项目的立项开始到竣工验收属于项目建设阶段的质量控制，项目投产后到项目生命周期结束属于项目生产（或运行）阶段的质量控制。两者在质量控制内容上有较大的不同，但不管是建设阶段的质量控制，还是运行维护阶段的质量控制，从控制工作的开展与控制对象实施的时间关系来看，可分为事前控制、事中控制和事后控制三种。

1. 事前控制

事前控制强调质量目标的计划预控，并按质量计划进行质量活动前的准备工作状态的控制。例如，在施工过程中，事前控制重点在于施工准备工作，且贯穿于施工全过程。首先，要熟悉和审查项目的施工图样，做好项目建设地点的自然条件、技术经济条件的调查分析，完成项目施工图预算、施工预算和项目的组织设计等技术准备工作；其次，做好器材、施工机具、生产设备的物质准备工作；再次，要组成项目组织机构，进行进场人员技术资质、施工单位质量管理体系的核查；最后，编制好季节性施工措施，制定施工现场管理制度，组织施工现场准备方案等。

可以看出，事前控制的内涵包括两方面：一是注重质量目标的计划预控；二是按质量计划进行质量活动前的准备工作状态的控制。

2. 事中控制

事中控制是指对质量活动的行为进行约束、对质量进行监控，实际上属于一种实时控制。例如，项目生产阶段，对产品生产线进行的在线监测控制，即对产品质量的一种实时控制；又如，在项目建设的施工过程中，事中控制的重点在工序质量监控上。其他如施工作业的质量监督、设计变更、隐蔽工程的验收和材料检验等都属于事中控制。

概括地说，事中控制是对质量活动主体、质量活动过程和结果所进行的自我约束和监督检查两方面的控制。其关键是增强质量意识，发挥行为主体的自我约束控制。

3. 事后控制

事后控制一般是指在输出阶段的质量控制。事后控制又称合格控制，包括对质量活动结果的评价认定和对质量偏差的纠正。例如，工程项目竣工验收进行的质量控制，即属于项目质量的事后控制；项目生产阶段的产品质量检验也属于产品质量的事后控制。

（三）项目质量的三全控制原理

三全控制原理来自全面质量管理（Total Quality Management，TQM）的思想，是指企业组织的质量管理应该做到全面、全过程和全员参与。在工程项目质量管理中应用这一原理，对工程项目的质量控制同样具有重要的理论和实践指导意义。

1. 全面质量控制

项目质量的全面控制可以从纵横两方面来理解。从纵向的组织管理角度来看，质量总目标的实现有赖于项目组织的上层、中层、基层乃至一线员工的通力协作，其中尤以上层管理能否全力支持与参与，起着决定性的作用。从项目各部门职能间的横向配合来看，要保证和提高工程项目质量必须使项目组织的所有质量控制活动构成一个有效的整体。广义地说，横向的协调配合包括业主、勘察设计、施工及分包、材料设备供应、监理等相关方。全面质量控制就是要求项目各相关方都有明确的质量控制活动内容。当然，从纵向看，各层次活动的侧重点不同。上层管理侧重于质量决策，制定出项目整体的质量方针、质量目标、质量政策和质量计划，并统一组织、协调各部门、各环节、各类人员的质量控制活动；中层管理则要贯彻落实领导层的质量决策，运用一定的方法找到各部门的关键、薄弱环节或必须解决的重要事项，确定出本部门的目标和对策，更好地执行各自的质量控制职能；基层管理则要求每个员工都要严格地按标准、按规范进行施工和生产，相互间进行分工合作，互相支持协助，开展群众合理化建议和质量管理小组活动，建立和健全项目的全面质量控制体系。

2. 全过程质量控制

任何产品或服务的质量，都有一个产生、形成和实现的过程。从全过程的角度来看质量产生、形成和实现的整个过程是由多个相互联系、相互影响的环节组成的，每个环节都或轻或重地影响着最终的质量状况。为了保证和提高质量就必须把影响质量的所有环节和因素都控制起来。项目的全过程质量控制主要有项目策划与决策过程、勘察设计过程、施工采购过程、施工组织与准备过程、检测设备控制与计量过程、施工生产的检验试验过程、工程质量的评定过程、工程竣工验收与交付过程以及工程回访维修过程等。全过程质量控制强调必须体现如下两个思想：

（1）预防为主、不断改进的思想

根据这一基本原理，全面质量控制要求把管理工作的重点从“事后把关”转移到“事前预防”上来；强调预防为主、不断改进的思想。

（2）为顾客服务的思想

顾客有内部和外部之分：外部的顾客可以是项目的使用者，也可以是项目的开发商；内部的顾客是项目组织的部门和人员。实行全过程的质量控制要求项目所有各相关利益者都必须树立为顾客服务的思想。内部顾客满意是外部顾客满意的基础。因此，在项目组织内部要树立“下道工序是顾客”“努力为下道工序服务”的思想。使全过程的质量控制一环扣一环，贯穿于整个项目的全过程。

3. 全员参与质量控制

全员参与项目的质量控制是工程项目各方面、各部门、各环节工作质量的综合反映。其中任何一个环节、任何一个人的工作质量都会不同程度地直接或间接地影响着项目的形成质量或服务质量。因此，全员参与质量控制，才能实现工程项目的质量控制目标，形成顾客满意的产品。

第五节　项目实施阶段质量控制

一、项目设计阶段的质量控制

项目设计是项目实施的第一阶段，是项目实施阶段质量控制的起点。这个阶段质量控制好了，就为保证整个项目质量奠定了基础；否则，带着“先天不足”进入后续工作，即便是各工序控制得很好，项目建成后也不能保证质量。因此，项目设计阶段的质量控制是项目实施过程全面质量控制很重要的一个环节。

项目的设计一般都要经过三个阶段，即方案设计、初步设计和施工图。针对每一设计阶段都规定相应工作内容、深度、质量标准及重点管理部位，并有具体责任者和审查人按各自的技术职责和质量标准完成要求，使每一设计阶段的质量都得到严密控制，从而切实保证工程的实际质量。

（一）方案设计

随着建设市场的进一步规范，国家颁布了《中华人民共和国招标投标法》，规定一个设计项目至少有三家设计单位参加投标。项目是设计单位生存的源泉，参加投标是设计单位获取项目来源、扩大社会影响的主要手段。因此，必须十分重视对投标方案的设计。

为确保投标的方案设计体现设计方意图及设计单位的水平，项目初始，总工程师应亲自挂帅，一抓到底，在内部采取竞争的办法，设计人员积极参加，集思广益，借鉴国内外成功的经验，对每个项目都做出两个以上方案。在方案设计正式发出前，总师室进行内部审评，检查设计产品的功能性、安全性、经济性、可信性、可实施性、适应性、时间性，确定既满足委托方切实合理的需要、用途和目的要求，又符合适用的标准和规范、符合社会要求的最佳方案。

（二）初步设计

项目中标后，总工程师有针对性地选好项目负责人，明确项目负责人的职责，保证项目负责人具备相应水准；再由设计项目负责人组织好班子，实行项目负责人负责制。如住宅项目的设计必须由二级以上（含二级）的注册建筑师主持设计，并由注册结构工程师负责结构设计，2 万平方米以上的住宅项目必须由一级注册建筑师主持设计。

项目合同生效后，项目组首先按照《工程设计文件编制深度的规定》确定设计原则，根据评标时的专家意见和建设方意见对方案进行第一步修改和调整；再征询城建和市政配套部门的意见，落实对方案的配套修改意见；然后，由主任工程师以上技术负责人召集有关专业人员进行专业定案，并在专业定案的基础上，协调好各专业间可能产生的各种矛盾，如水、电、气、热、通信等管线设计要统筹考虑，合理布局，合理设置或预留设施，保证设计的整体性和室内外设计的有序安排，从而进一步落实设计深度要求。

（三）施工图设计

要建立严格的质量责任制度，明确各自的质量责任，尤其是要强化注册建筑师、注册结构师等注册职业人士的责任，认真把好技术的质量关，按规定在图纸上签字盖章，并承担相应的责任。

在确定设计人的同时确定校审人，明确有资格的注册师担任校审人，实行专人校审，负责专业图纸（报告）的校审并持有质量否决权。项目设计过程中，由各专业设计人按照工程设计文件的统一编号，把本专业全部设计（包括设计依据、计算书）连同质量评定记录表一起，按照规定的设计工作（技术）岗位，由上至下，由各专业设计到整个工程项目设计，逐层进行校审及质量评定。如计算书必须由设计人打钩，校对人也要打钩，即必须双钩才能通过；校审人员在校审图纸的同时写下校审意见，然后设计人员按照意见加以修正和改进，并在该图同时必须写上每条意见的处理结果，经评定人复审认可签字后方可出图，确保设计文件质量（产品）符合国家法律法规和技术标准。

二、项目施工阶段质量控制

对于建设工程项目而言，工程施工阶段的工作质量控制是工程质量控制的关键环节。工程施工是一个从对投入原材料的质量控制开始，直到完成工程质量检验验收的系统工程，主要包括施工准备和施工两个阶段。

（一）施工准备阶段工作质量控制

1. 图纸学习与会审

设计文件和图纸的学习是进行质量控制和规划的一项重要而有效的方法。这一方法一方面可使施工人员熟悉并了解工程特点、设计意图和掌握关键部位的工程质量要求，更好地做到按图施工；另一方面，通过图纸审查，可以及时发现存在的问题和矛盾，提出修改与洽商意见，帮助设计单位减少差错，提高设计质量，避免产生技术事故或产生工程质量问题。图纸会审由建设单位或监理单位主持，设计单位、施工单位参加，并写出会审纪要。图纸审查必须抓住关键，特别注意构造和结构的审查，必须形成图纸审查与修改文件，并作为档案保存。

2. 编制施工组织设计

施工组织设计是对施工的各项活动做出全面的构思和安排，指导施工准备和施工全过程的技术经济文件，它的基本任务是使工程施工建立在科学合理的基础上，保证项目取得良好的经济效益和社会效益。

根据设计阶段和编制对象的不同，施工组织设计大致可分为施工组织总设计、单位工程施工组织设计和难度较大、技术复杂或新技术项目的分部分项工程施工设计三大类施工组织设计。通常应包括工程概况、施工部署和施工方案、施工准备工作计划、施工进度计划、技术质量措施、安全文明施工措施、各项资源需要量计划及施工平面图、技术经济指标等基本内容。

施工组织设计中，对质量控制起主要作用的是施工方案，主要包括施工程序的安排、流水段的划分、主要项目的施工方法、施工机械的选择，以及保证质量、安全施工、冬季雨季施工、污染防治等方面的预控方法和针对性的技术组织措施。

3. 组织技术交底

技术交底是指单位工程、分部工程、分项工程正式施工前，对参与施工的有关管理人员、技术人员和工人进行不同重点和技术深度的技术性交代和说明。其目的是使参与项目施工的人员对施工对象的设计情况、建筑结构特点、技术要求、施工工艺、质量标准和技术安全措施等方面有一个较详细的了解，做到心中有数，以便科学地组织施工和合理地安排工序，避免发生技术错误或操作错误。

技术交底是一项经常性的技术工作，可分级、分阶段进行。技术交底应以设计图纸、施工组织设计、质量验收标准、施工验收规范、操作规程和工艺卡为依据，编制交底文件，必要时可用图表、实样、小样、现场示范操作等形式进行，并做好书面交底记录。

4. 控制物资采购

施工中所需的物资包括建筑材料、建筑构配件和设备等。如果生产、供应单位提供的物资不符合质量要求，施工企业在采购前和施工中又没有有效的质量控制手段，往往会埋下工程隐患，甚至酿成质量事故。因此，采购前应按先评价后选择的原则，由熟悉物资技术标准和管理要求的人员，对拟选择的供方，通过对其技术、管理、质量检测、工序质量控制和售后服务等质量保证能力的调查，信誉以及产品质量的实际检验评价，各供方之间的综合比较，最后做出综合评价，再选择合格的供方建立供求关系。

5. 严格选择分包单位

工程总承包商或主承包商将总包的工程项目按专业性质或工程范围（区域）分包给若干个分包商来完成，是一种普遍采用的经营方式。为了确保分包工程的质量、工期和现场管理能满足总合同的要求，总承包商应由主管部门和人员对拟选择的分包商，包括建设单位指定的分包商，通过审查资格文件、考察已完工程和施工工程质量等方法，对其技术及管理实务、特殊及主体工程人员资格、机械设备能力及施工经验，认真进行综合评价，决定是否可作为合作伙伴。

（二）施工阶段质量控制

1. 严格进行材料、构配件试验和施工试验

对进入现场的物料，包括甲方供应的物料以及施工过程中的半成品，如钢材、水泥、钢筋连接接头、混凝土、砂浆、预制构件等，必须按规范、标准和设计的要求，根据对质量的影响程度和使用部位的重要程度，在使用前采用抽样检查或全数检查等形式，对涉及结构安全的物料应由建设单位或监理单位现场见证取样，送有法定资格的单位检测，以判断其质量的可靠性。检验和试验的方法有书面检验、外观检验、理化检验和无损检验四种。严禁将未经检验和试验或检验和试验不合格的材料、构配件、设备、半成品等投入使用和安装。

2. 实施工序质量监控

工程的施工过程，是由一系列相互关联、相互制约的工序所构成的，例如，混凝土工程由搅拌、运输、浇灌、振捣、养护等工序组成。工序质量包含两个相互关联的内容，一是工序活动条件的质量，即每道工序投入的人、材料、机械设备、方法和环境是否符合要求；二是工序活动效果的质量，即每道工序施工完成的工程产品是否达到有关质量标准。

工序质量监控的对象是影响工序质量的因素，特别是对主导因素的监控，其核心是管因素、管过程，而不单纯是管结果，其重点内容包括：①设置工序质量控制点；②严格遵守工艺规程；③控制工序活动条件的质量；④及时检查工序活动效果的质量。

3. 组织过程质量检验

过程质量检验主要是指工序施工中或上道工序完工即将转入下道工序时所进行的质量检验，目的是通过判断工序施工的内容是否合乎设计或标准要求，决定该工序是否继续进

行（转交）或停止。具体的检验形式有：①质量自检和互检；②专业质量监督；③工序交接检查；④隐蔽工程验收；⑤工程预检（技术复核）；⑥基础、主体工程检查验收。

4. 重视设计变更管理

施工过程中往往会发生没有预料到的新情况，如设计与施工的可行性发生矛盾；建设单位因工程使用目的、功能或质量要求发生变化，而导致设计变更。设计变更须经建设、设计、监理、施工单位各方同意，共同签署设计变更洽商记录，由设计单位负责修改，并向施工单位签发设计变更通知书。对建设规模、投资方案有较大影响的变更，须经原批准初步设计单位同意，方可进行修改。接到设计变更，应立即按要求改动，避免发生重大差错，影响工程质量和使用。

5. 加强成品保护

在施工过程中，经常出现有些分项、分部工程已经完成，而其他部位或工程尚在施工的情况。对已完成的成品，如不采取妥善的措施加以保护，就会造成损伤、影响质量，甚至有些损伤难以恢复到原样，成为永久性缺陷。产品保护工作主要抓合理安排施工顺序和采取有效的防护措施两个主要环节。

6. 积累工程技术资料

工程施工技术资料是施工中的技术、质量和管理活动的记录，是实行质量追溯的主要依据，是评定单位工程质量等级的三大条件之一，也是工程档案的主要组成部分。施工技术资料管理是确保工程质量和完善施工管理的一项重要工作，施工企业必须按各专业质量检验评定。

根据标准的规定和各地的实施细则，全面、科学、准确、及时地记录施工及试（检）验资料，按规定积累、计算、整理、归档，手续必须完备，并不得有伪造、涂改、后补等现象。

（三）项目竣工验收阶段质量控制

1. 坚持竣工标准

由于工程项目门类很多，性能、条件和要求各异，因此土建工程、安装工程、人防工程、管道工程、桥梁工程、电气工程及铁路建筑安装工程等都有相应的竣工标准。凡达不到竣工标准的工程，一般不能算竣工，也不能报请竣工质量核定和竣工验收。

2. 做好竣工预检

竣工预检是承包单位内部的自我检验，目的是为正式验收做好准备。竣工预检可根据工程重要程度和性质，按竣工验收标准，分层次进行。通常先由项目部组织自检，对缺漏或不符合要求的部位和项目确定整改措施，指定专人负责整改。在项目部整改复查完毕后，报请企业上级单位进行复检，通过复检解决全部遗留问题，由勘察、设计、施工、监理等单位分别签署质量合格文件，向建设单位发送竣工验收报告，出具工程保修书。

3. 整理工程竣工验收资料

项目竣工验收资料是使用、维修、扩建和改建的指导文件和重要依据，工程项目交接时，承包单位应将成套的技术资料进行分类整理、编目、建档后，移交给建设单位。

第六节 质量控制统计方法

一、质量控制统计方法和原理

所谓质量控制统计方法，就是利用数理统计原理和方法对施工及生产过程实行科学管理和控制的有效方法。

质量控制统计方法的基本原理，就是用具有代表性的“样本”代替“母体”，通过系统的随机抽样活动取得样本数据，并对它进行科学的整理分析，揭示出包含在数据中的规律性本质，进而推断总体的质量状况，从而采取相应技术组织措施，实现对过程的质量控制。

产品控制的总体质量，是通过部分样品的质量特性值来推断的。样品的质量特性值不可能完全相同，而且总与产品设计的质量特性值存在一定差异。但是只要处在允许波动范围内，仍认为产品是合格品；只有超出允许波动范围，才认为产品不合格，生产过程存在问题。数量统计方法就是通过对抽测的数据分布倾向的分析，揭示出制造过程系统性因素或偶然性因素的作用，从而随时掌握制造过程中的质量波动状况和变化趋势，以便及时采取措施，预防不合格品出现，保证质量制造过程正常稳定，达到控制质量的目的。

二、质量数据的获取

对产品进行检验前，首先要对产品的质量数据进行收集整理。我们经常遇到两种形式的质量信息：一类是数据型的，也就是质量数据，对于这类数据，可以运用直方图、控制图、散布图、排列图等进行分析；另一类是非数据型的，也就是非数据型的质量信息，对这类数据可以用分层法、因果图、调查表、流程图和头脑风暴法进行分析处理。我们应善于运用数据统计方法，并识别关于产品的质量数据，通过收集、整理质量数据分析和发现质量问题，并及时采取对策措施，以预防和纠正质量事故。

利用数据统计方法控制质量的步骤为：①收集整理质量数据；②进行统计分析；③判断质量问题；④分析影响质量的因素；⑤拟定改进质量的措施。

收集数据常用试验法和抽样法。抽样法是一种系统的统计方法，它通过研究总体有代表性的部分（即样本）来获取该总体的某些特性信息。抽样的方法很多，常见的有简单随机抽样、分层随机抽样、周期系统抽样、分阶段随机抽样、整群随机抽样、序贯抽样、跳批抽样等，抽样技术的选择取决于抽样的目的和抽样条件。

三、因素分析统计图表法

因素分析的统计图表是质量控制统计方法的重要组成部分。它通过对收集的质量数据进行整理分析，并做成各种统计图表，明确地揭示出形成产品质量问题的原因，为采取措施解决质量问题找到了正确途径和方法，从而保证和提高了产品质量。具体的因素分析统计图表有调查表、排列图、因果分析图、直方图、控制图、散布图六种。

（一）调查表

调查表是收集和记录数据的一种方式，便于用统一的方式收集数据并进行分析。主要用于系统地收集数据、信息，以正确地认识事实。

1. 调查表的分类

（1）工序分类调查表。适用于计量值数据的调查，如零件尺寸、重量等质量特性的工序分布情况。

（2）缺陷项目调查表。用于调查各种缺陷项目的比率大小，减少生产中出现的各种缺陷情况。

（3）缺陷原因调查表。用于查明缺陷原因，采取改进措施。

（4）特性检查表。用于检查质量特性是否合乎要求，以对工序质量和产品质量进行检查和测验，可以避免错误和重复检验。，

（5）操作检查表。可以使操作人员严格遵守操作规程，保证重要工序的质量。

2. 应用程序

（1）确定收集数据的目的；

（2）识别解决问题所需要的数据；

（3）确定分析数据的人员和方法；

（4）编制记录数据的表格，并提供如下信息：数据收集者，收集数据的地点、时间以及方式；

（5）试用、评审并修订表格。

（二）排列图

排列图也称帕雷托图，是找出影响产品质量主要因素的有效方法。

排列图由两个纵坐标、一个横坐标、几个矩形和一条曲线组成，左边纵坐标为频数，表示件数、金额等，右边纵坐标为频率，以百分数表示，横坐标则表示影响质量的各个因素，按影响程度的大小从左至右排列。矩形的高度表示某因素影响的大小。曲线表示各影响因素大小的累计百分数，这条曲线称为帕雷托曲线。通常把累计百分数分为三类：0~80%的为A类因素，是累计百分数在80%的因素，这是主要因素；累计百分数在80%~90%的为B类因素，这是次要因素；累计百分数在90%~100%的为C类因素，这是一般因素。主要因素查明后，就可有针对性地采取措施解决质量问题了。

（三）因果分析图

因果分析图也叫鱼刺图、树枝图，是一种逐步深入研究和讨论质量问题的图示方法。在工程建设过程中，任何一种质量问题的产生一般都是多种原因造成的，这些原因有大有小，把这些原因按照大小顺序分别用主干、大枝、中枝、小枝来表示，这样就可一目了然地观察出导致质量问题的原因，并以此为据制定相应对策。

因果分析图通过箭线体系表示结果和原因之间的关系。按体系不同可将其分为以下三类：

1. 结果分解型

结果分解型的核心是不停追问结果发生的原因，常按人、设备、材料、方法和环境等五大因素分成五个大枝，再分别找它们的影响因素作为中枝、细枝、小枝。此种形式可以系统地把握各因素之间的关系，但也容易遗漏较小的问题。

2. 原因罗列型

原因罗列型是先把考虑到的所有因素不分层次罗列出来，再根据因果关系整理这些原因事项，绘出因果图。它能做到不遗漏主要原因，同时又包括各种细枝原因，有利于全面、重点地解决问题。

3. 工序分类型

工序分类型是将生产或工作的工序顺序作为主枝，然后把对工序有影响的原因填在相应的工序上。其缺点是相同的原因可能在不同的工序上多次出现，不利于综合考虑问题发生的原因。

使用因果分析图法须注意：①因果图一般由小组集体绘制，但也可由有足够知识和经验的个人完成；②结果要提得具体，应具有可操作、可度量性，否则因果关系不易明确；③一个结果作一个因果图，针对不同结果寻找各自原因，做到有针对性地解决问题；④明确作因果图的目的是改善还是保持当前状态，不同的目的，寻找原因的着眼点不同；⑤发挥员工能动性，充分发表意见，使分析深入细致。

（四）直方图

直方图是反映一个变量分布状态的一种条形图。用一栏代表一个问题的一种特性或属性，每一栏的高度代表该种特性或属性出现的相对频率。通过各栏的形状和宽度来确定问题根源。直方图一目了然，可以直观地传达有关过程的各种信息，可以显示波动的状况，决定何处须集中力量进行处理改进。

（五）控制图

1. 控制图概述

控制图是统计过程控制最常用的工具之一，是对过程质量特性值进行测量、记录、评估，从而监测过程是否处于受控状态的一种用统计方法设计的图形。该图形式为直角坐标图式，其横坐标为时间序列或样本号序列，纵坐标为样本统计量数值。图上有根据某个质量特性收集到的一些统计数据，如一条中心线（标为 CL）、上控制限（标为 UCL）、下控制限（标为 LCL）；并有按时间顺序抽取的样本统计量数值的描点序列。它由休哈特提出，又称休哈特图。

2. 控制图的用途

控制图有以下作用：

（1）有助于判别过程是否存在特殊原因。若存在，则通过过程分析来加以消除；再判别，再消除，通过多次重复，最后，可使过程处于受控状态。

（2）当过程处于受控状态后，用控制图来对其进行维护，当出现特殊原因时，它能及时在图上显示。

（3）能减少过度控制或不足控制。所谓过度控制，实质是指过程中特殊原因没有发生，但操作者误认为发生了，于是采取了对待特殊原因的措施，结果反倒使过程失控。这类错误在统计分析中称“第Ⅰ类错误”，其含义是拒绝了一个真实的假设。

所谓不足控制，其实质正好与上述相反，发生了特殊原因但不采取措施，此类错误称为“第Ⅱ类错误”，其含义是没有拒绝一个错误的假设。

3. 控制图分类

（1）按控制图在控制过程中所起作用分为：

分析用控制图——用于分析过程是否处于统计控制状态，又称初始控制。

控制用控制图——当过程处于受控状态后，用它来保持过程所处的状态。

（2）按控制图所采用的数据分为：

计量型控制图——用于连续型的数据。其质量特性的统计量常用数据的位置（均值）和数据分布宽度（极值或标准差）来表示。

计数型控制图——用于间断型的数据，它的质量特性统计量常用不合格品率和不合格数（即一个检验批内不合格或缺陷的数量）来表示。

应当注意：当根据多种检查项目合起来确定不合格品率的情况时，若控制图出现异常，则很难找出异常原因。故在使用不合格品率控制图时，应选择重要的检查项目，来作为判断不合格品的依据。

4. 控制图上出现异常情况的判断准则

（1）图上的描点超出控制界限，但对控制用控制图而言 1/150 描点落在控制界限之外属于正常。

（2）控制图上描点在控制限范围内，但连续 7 点全在中心线之上或之下，或连续 7 点具有连续上升或下降趋势。

（3）控制图上描点与中心线没有满足 2/3 点应落在控制区域 1/3 区间内，1/3 点应落在控制区域 2/3 区间内。

对均值控制图和不合格品率控制图而言，除上述外，还增加了 1/20 的描点，应落在控制区域的 1/3 区间内。

（六）散布图

为分析研究良好总质量特性之间的相关性，将收集的成对数据在横坐标上以点来表示特性值之间相关情形的图形称为散布图。通过散布图，可以简单得出数据之间有无相关性、相关关系如何的判断。

1. 应用过程

（1）收集相对数据，并将数据整理到坐标图上（数据量不能太小，否则不足以反映相关性特征）。

（2）找出 X、Y 之最大值及最小值。

（3）画出横、纵轴（若判断因果关系，取横轴代表原因，纵轴代表结果）。

（4）将各组对数据在坐标图中标明。

（5）记入要素名称、采集时间等必要事项。

随着计算机的广泛普及应用，也可根据散布数据表直接在坐标纸上打点。全部打点完毕即得出散布图。

2. 应用注意事项

（1）根据数据关系恰当选取横纵坐标。

（2）X、Y 轴标度应匹配恰当，即 X 轴最大值最小值之间的宽度应基本等于 Y 轴最大值最小值之间的宽度，否则会导致 X、Y 轴长度相差悬殊，不便于相关性分析。

（3）对于完全重合的数据组，在坐标图上应用特殊标记予以反映。

参考文献

[1] 王海青，乔弘．电力工程建设与智能电网［M］．汕头：汕头大学出版社，2022.

[2] 赵国辉，程晶．电力工程技术与新能源利用［M］．汕头：汕头大学出版社，2022.

[3] 孙秋野．电力系统分析［M］．北京：机械工业出版社，2022.

[4] 李岩，张瑜．电气自动化管理与电网工程［M］．汕头：汕头大学出版社，2022.

[5] 王信杰，朱永胜．电力系统调度控制技术［M］．北京：北京邮电大学出版社，2022.

[6] 张保会，尹项根．电力系统继电保护［M］．中国电力出版社有限责任公司，2022.

[7] 顾丹珍，黄海涛．现代电力系统分析［M］．北京：机械工业出版社，2022.

[8] 连潇，曹巨华．机械制造与机电工程［M］．汕头：汕头大学出版社，2022.

[9] 张惠娟，吕殿利．工程电磁场［M］．北京：机械工业出版社，2022.

[10] 刘欢，姜炫丞．电力工程数字监理平台理论及实践［M］．南京东南大学出版社，2021.

[11] 郭廷舜，滕刚．电气自动化工程与电力技术［M］．汕头：汕头大学出版社，2021.

[12] 袁庆庆，符晓．电气工程及其自动化应用型本科规划教材 MATLAB 与电力电子系统仿真［M］．上海：上海科学技术出版社，2021.

[13] 张恒旭，王葵．电力系统自动化［M］．北京：机械工业出版社，2021.

[14] 陈荣．电力电子技术［M］．北京：机械工业出版社，2021.

[15] 万炳才，龚泉．电网工程智慧建造理论技术及应用［M］．南京东南大学出版社，2021.

[16] 阮新波．电力电子技术［M］．北京：机械工业出版社，2021.

[17] 何良宇．建筑电气工程与电力系统及自动化技术研究［M］．文化发展出版社，2020.

[18] 张盼．电力环保及应化专业毕业设计指南［M］．北京：冶金工业出版社，2020.

[19] 王贵峰，朱呈祥．电力电子与电气传动［M］．西安：西安电子科学技术大学出版社，2020.

[20] 张波，丘东元．电力电子学基础 [M]．北京：机械工业出版社，2020.
[21] 杨浩东，鲁明丽．电力电子技术 [M]．北京：机械工业出版社，2020.
[22] 汤大勇．电力客户服务 [M]．重庆：重庆大学出版社，2020.
[23] 谢远党．电力电子及电工实训教程 [M]．武汉：华中科学技术大学出版社，2020.
[24] 何惠清，韩坚．配电网工程建设管理 [M]．镇江：江苏大学出版社，2020.
[25] 沈润夏，魏书超．电力工程管理 [M]．长春：吉林科学技术出版社，2019.
[26] 韦钢．电力工程基础 [M]．北京：机械工业出版社，2019.
[27] 裴明军．电力大数据技术及其应用研究 [M]．徐州：中国矿业大学出版社，2019.
[28] 李洁，晁晓洁．电力电子技术第 2 版 [M]．重庆：重庆大学出版社，2019.
[29] 何惠清，罗若．泛在电力物联网 [M]．镇江：江苏大学出版社，2019.
[30] 闻捷，沙利民．电力建设工程法律风险与防控 [M]．南京：东南大学出版社，2018.
[31] 刘小保．电气工程与电力系统自动控制 [M]．延吉：延边大学出版社，2018.
[32] 张志军．电力内外线 [M]．郑州：河南科学技术出版社，2018.
[33] 徐春燕，雷丹．电力电子技术 [M]．武汉：华中科技大学出版社，2018.
[34] 杨剑锋．电力系统自动化 [M]．浙江大学出版社，2018.
[35] 李慧．电力工程基础 [M]．石家庄：河北科学技术出版社，2017.